高等学校虚拟现实技术系列教材

U0265665

虚拟现实技术导论

梁晓辉　王晓川　杨文军　编著

清华大学出版社

北京

内 容 简 介

近年来,虚拟现实技术在产业界引发热潮,大众化趋势日益凸显,低成本硬件不断涌现,在房地产、直播、监控等领域的应用逐渐普及。由于虚拟现实具有多学科交叉融合的特点,涉及的学科领域广泛,对其进行完整的阐述存在诸多难点,因此本书从虚拟现实软硬件、关键技术的角度对内容进行组织,并进行了一定的删减,以突出重点。在软件和硬件设备部分,介绍较为典型的虚拟现实输入设备和输出设备;在关键技术部分,从虚拟现实建模和虚拟现实渲染两方面加以阐述,重点介绍运动编辑、流体建模、场景组织、粒子系统等内容。此外,对一些虚拟现实前沿性方向进行了讨论。全书共分6章:第1章为虚拟现实概论,第2章为虚拟现实常用软硬件,第3章为虚拟现实建模及相关技术,第4章为虚拟现实渲染及相关技术,第5章为虚拟现实前沿性方向,第6章为Unity开发实例——VR电力仿真培训系统。其中,第1~5章章末均附有习题。

本书适合作为高等学校计算机、软件工程及相关专业高年级本科生、研究生的教材,同时可供对虚拟现实感兴趣并且对虚拟现实建模与渲染开发有所了解的研发人员和广大科技工作者参考。

图书在版编目(CIP)数据

虚拟现实技术导论 / 梁晓辉,王晓川,杨文军编著.
北京:清华大学出版社,2024.8. -- (高等学校虚拟
现实技术系列教材). -- ISBN 978-7-302-66946-3
Ⅰ. TP391.98
中国国家版本馆CIP数据核字第2024JQ8617号

责任编辑:安 妮 李 燕
封面设计:刘 键
责任校对:刘惠林
责任印制:沈 露

出版发行:清华大学出版社
   网   址:https://www.tup.com.cn,https://www.wqxuetang.com
   地   址:北京清华大学学研大厦A座   邮   编:100084
   社 总 机:010-83470000   邮   购:010-62786544
   投稿与读者服务:010-62776969,c-service@tup.tsinghua.edu.cn
   质量反馈:010-62772015,zhiliang@tup.tsinghua.edu.cn
   课件下载:https://www.tup.com.cn,010-83470236
印 装 者:涿州汇美亿浓印刷有限公司
经 销:全国新华书店
开 本:185mm×260mm 印 张:9.5   字   数:233千字
版 次:2024年8月第1版   印   次:2024年8月第1次印刷
印 数:1~1500
定 价:49.00元

产品编号:103750-01

丛书序
FOREWORD

　　模拟仿真现实世界事物为人所用是人类自古以来一直追求的目标,虚拟现实(Virtual Reality,VR)是随着计算机技术,特别是高性能计算、图形学和人机交互技术的发展,人类在模拟仿真现实世界方向达到的最新境界。虚拟现实的目标是以计算机技术为核心,结合相关科学技术,生成与一定范围真实/构想环境在视、听、触觉等方面高度近似的数字化环境,用户借助必要的装备与数字化环境中的对象进行交互作用,相互影响,可以产生亲临相应真实/构想环境的感受和体验。

　　虚拟现实在工业制造、航空航天、国防军事、医疗健康、教育培训、文化旅游、演艺娱乐等战略性行业和大众生活领域得到广泛应用,推动相关行业的升级换代,丰富和重构人类的数字化工作模式,带来大众生活的新体验和新的消费领域。虚拟现实是新型信息技术,起步时间不长,发展空间巨大,为我国在技术突破、平台系统和应用内容研发方面走在世界前列,进而抢占相关产业制高点提供了难得的机遇。近年来,我国虚拟现实技术和应用发展迅速,形成 VR+X 发展趋势,导致对虚拟现实相关领域人才需求旺盛。因此,加强虚拟现实人才培养,成为我国高等教育界的迫切任务。为此,教育部在加强虚拟现实研究生培养的同时,也在本科专业目录中增加了虚拟现实专业,进一步推动虚拟现实人才培养工作。

　　人才培养,教材为先。教材是教师教书育人的载体,是学生获取知识的桥梁,教材的质量直接影响学生的学习和教师的教学效果,是保证教学质量的基础。任何一门学科的人才培养,都必须高度重视其教材建设。首先,虚拟现实是典型的交叉学科,技术谱系宽广,涉及计算机科学、图形学、人工智能、人机交互、电子学、机械学、光学、心理学等诸多学科的理论与技术;其次,虚拟现实技术辐射力强大,可应用于各行业领域,而且发展迅速,新的知识内容不断迭代涌现;同时,实现一个虚拟现实应用系统,需要数据采集获取、分析建模、绘制表现和传感交互等多方面的技术,这些技术均涉及硬件平台与装置、核心芯片与器件、软件平台与工具、相关标准与规范,以及虚拟现实+行业领域的内容研发等。因此虚拟现实方面的人才需要更多的数理知识、图形学、人机交互等有关专门知识和计算机编程能力。上述因素给虚拟现实教材体系建设带来很大挑战,必须精心规划,精心设计。

　　基于上述背景,清华大学出版社规划、组织出版了"高等学校虚拟现实技术系列教材"。该系列教材比较全面地涵盖了虚拟现实的核心理论、关键技术和应用基础,包括计算机图形学、物理建模、三维动画制作、人机交互技术,以及视觉计算、机器学习、网络通信、传感器融合等。该系列教材的另一个特点是强调实用性和前瞻性。除基础理论外,介绍了一系列先进算法和工具,如可编程图形管线、Shader 程序设计等,这些都是图形渲染和虚拟现实应用中不可或缺的技术元素,同时,还介绍了虚拟现实前沿技术和研究方向,激发读者对该领域前沿问题的探索兴趣,为其今后的学术发展或职业生涯奠定坚实的基础。

　　该系列教材的作者都是在虚拟现实及相关领域从事理论、技术研究创新和应用系统研发多年的专家、学者，每册教材都是作者对其所著述学科包含的知识、技术内容精心裁选并深耕细作的心血之作，是相关学科知识、技术的精华和作者智慧的结晶。该系列教材的出版是我国虚拟现实教育界的幸事，具有重要意义，为虚拟现实领域的高校教师、学生提供了全面、深入、成体系且具实用价值的教学资源，为培养高质量虚拟现实人才奠定了教材基础，亦可供虚拟现实技术研发人员选读参考，助力其为虚拟现实技术发展和应用做出贡献。希望该系列教材办成开放式的，随着虚拟现实技术的发展，不断更新迭代、增书添籍，使我们培养的人才永立虚拟现实潮头、前沿。

北京航空航天大学教授

虚拟现实技术与系统全国重点实验室首席专家

中国工程院院士

前言
PREFACE

虚拟现实这一术语产生于 20 世纪 80 年代，它以计算机技术为核心，生成逼真的视觉、听觉、触觉一体化的特定范围内的虚拟环境。用户可借助必要的设备，如手柄、数据头套、头戴式显示器等，以自然的方式与虚拟环境中的对象进行交互作用、相互影响，从而产生身临其境的感受和体验。虚拟现实综合了计算机图形学、实时分布系统、人机交互、心理学、控制学、电子学和多媒体技术等多个相关领域的理论和技术，是信息技术领域中的一个重要研究方向，也是计算机应用技术学科的一个重要组成部分。虚拟现实技术早期在航空航天等专业领域得到了广泛且成功的应用，但由于应用成本较高等原因，并不为大众所知。自 2016 年以来，随着业界的重视，其成本不断降低，大众化应用日益增多，逐步进入了人们的日常生活。近年来，随着数字孪生、元宇宙等的兴起，虚拟现实技术日益为大众熟知。

我国虚拟现实研究起步较晚，自 20 世纪 90 年代以来，相关人员在国家自然科学基金、国家"973"计划和国家"863"计划的支持下开展了研究工作，相关学者撰写了著作，如汪成为、高文和王行仁所著《灵境（虚拟现实）技术的理论、实现及应用》，以及赵沁平所著《DVENET 分布式虚拟环境》和《DVENET 分布式虚拟现实应用系统运行平台与开发工具》等。经过多年发展，我国在虚拟现实理论研究、技术突破和应用推广等方面均取得了较为显著的成绩。2006 年，在国务院颁布的《国家中长期科学和技术发展规划纲要（2006—2020 年）》中，更是将虚拟现实列为信息技术领域优先发展的前沿技术之一。随着国家对虚拟现实技术的重视，以及我国航空航天、工业设计、城市规划、医学等领域的发展，对从事虚拟现实研究与应用的人才培养工作也提出了迫切需求。

编者所在的虚拟现实技术与系统全国重点实验室在赵沁平院士的带领下，于 20 世纪 90 年代率先开展虚拟现实的研究和应用工作。在科研过程中，编者有幸参与或主持了与虚拟现实有关的重要项目研发及虚拟现实方向的论证评审等工作。作为主讲教师，编者于 2009 年开始，针对高年级本科生和研究生开展了"虚拟现实技术"课程的教学工作，通过对虚拟现实基本理论、基本算法、开发方法、主流系统等的介绍，使学生掌握虚拟现实的关键技术；通过对有关虚拟现实的国内外当前研究热点问题、典型研究工作的介绍，使学生了解虚拟现实技术的发展趋势。编者通过长期的科研和教学实践，对虚拟现实进行了深入学习和理解，积累了扎实的教学经验。

本书根据编者授课内容中的基础部分编写而成，覆盖了虚拟现实基本概念与原理、虚拟现实相关软硬件设备、虚拟现实建模技术、虚拟现实渲染技术、前沿性技术及应用实践等。本书内容难度适中，面向高年级本科生和研究生，主要目的是供学生了解虚拟现实的基础性内容，并掌握如何利用工具快速构建虚拟环境。在实际讲授过程中，可对本书中部分硬件机理做进一步深入讲解，也可结合实际对关键技术进行删减或扩展。

　　在本书编写过程中,梁晓辉负责构思章节结构和提供章节授课素材,并进行第 1、2 章的撰写,王晓川负责第 3～5 章的撰写,杨文军负责第 6 章的撰写。书稿完成后,各编者进一步进行了讨论、修改和完善,并由梁晓辉负责统稿。

　　本书在编写过程中得到北京航空航天大学计算机学院、虚拟现实技术与系统全国重点实验室的大力支持,在此表示衷心感谢。同时,对参与本书内容组织与编撰的何志莹博士、于卓博士、袁春强博士、张自立博士、郭承禹博士、岑丽霞、陈治宇、梁爱民、王剑、李阳、徐向欣,以及在读研究生周康垒、肖世邦、马跃等表示衷心感谢。

　　编者水平有限,书中不当之处在所难免,欢迎广大同行和读者批评指正。

编　者

2024 年 2 月

目 录
CONTENTS

第 1 章

虚拟现实概论

1.1 基本概念及发展简史

20 世纪 80 年代,美国 VPL 公司的创立者 Lanier 提出了 Virtual Reality(VR)一词,并很快被学术界和产业界所接受,成为这个方向的专用名称。国内将其先后译作"灵境""虚拟现实"等,其中虚拟现实是目前普遍的叫法。经过多年的发展,其内涵和外延也不断演化,本书选择了以下较为公认的 3 个概念。

(1)虚拟现实是在视觉、听觉、触觉、嗅觉、味觉等方面高度逼真的计算机模拟环境。

(2)虚拟现实是一种创建和体验虚拟世界的计算机系统,其中虚拟世界是对虚拟环境或给定仿真对象的总称;虚拟环境是由计算机生成的,通过视觉、听觉、触觉等作用于用户,使之产生身临其境的感觉,是一种交互式视景仿真。

(3)虚拟现实是以计算机技术为核心,生成与一定范围的真实环境在视觉、听觉、触觉等方面近似的数字化环境。用户借助必要的装备与数字化环境进行交互,可获得亲临对应真实环境的感受和体验。

上述概念从不同角度对虚拟现实的内涵和外延进行了阐述,也有很多共性。可以看到,计算机及相关技术是虚拟现实的重要依托,营造视觉、听觉、触觉等多重感受的环境是体现虚拟现实与人相互作用的重要手段。总而言之,虚拟现实体现了人与虚拟世界及真实世界的相互作用,如图 1.1 所示。

虚拟现实思想的萌发与人类期望提高自身探索自然的能力关联紧密。1929 年,Link 发明了一种飞行模拟器,利用模拟手段使乘坐者体验到飞行的感觉;1956 年,Morton Heileg 开发了一种摩托车模拟器,并于 1962 年申请专利,该模拟器具有 3D 显示和立体声效果,并能产生振动的感觉。

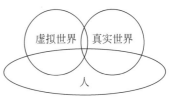

图 1.1 虚拟现实

计算机技术的产生和发展催生了新的计算方法,计算的日益复杂也使人们希望计算的过程和结果能更为直观,从而进一步促进了虚拟现实的形成。1965 年,Sutherland 发表的 *The Ultimate Display* 描述了一种新的显示技术,使观察者可以沉浸在计算机生成的与真实世界一样的虚拟环境中,还能以自然的方式与虚拟环境进行交互,如触摸感知和控制虚拟对象等;1968 年,Sutherland 研制了第一个头戴式显示设备(Head Mounted Display,

HMD),被称为"达摩克利斯之剑"(The Sword of Damocles),这也是第一个虚拟现实原型设备;1973 年,Krueger 提出了 Artificial Reality 一词,这是最早出现的虚拟现实词语;1986 年,Fisher 等发表虚拟现实方面的论文 *The Virtual Environment Display System*;1987 年,《科学美国人》发表了 Foley 的 *Interfaces for Advanced Computing*,以及与数据手套相关的文章;1989 年,美国 VPL 公司的创立者 Lanier 提出 Virtual Reality 一词。

20 世纪 90 年代后,随着计算机技术与高性能计算、人机交互技术与设备、计算机网络与通信等科学技术领域的突破和高速发展,以及军事演练、航空航天、复杂设备研制等领域的巨大需求,虚拟现实进入了快速发展阶段。1990 年,在美国达拉斯召开的 SIGGRAPH 会议上,研究者们对虚拟现实展开了讨论,提出虚拟现实研究的主要内容是实时 3D 图形生成技术、多传感交互技术及高分辨率显示技术等;1993 年,Heim 在其著作 *Metaphysics of Virtual Reality* 中描述了虚拟现实的 7 个特征:仿真(Simulation)、交互(Interaction)、虚拟性(Artificially)、沉浸感(Immersion)、临场感(Telepresence)、身心沉浸(Full-body Immersion)和网络化传播(Networked Communications);1994 年,Burdea 和 Coiffet 出版了 *Virtual Reality Technology* 一书,用 3I(Immersion、Interaction、Imagination)概括了虚拟现实的典型特征。

与此同时,由于产业界对虚拟现实的关注,出现了用于开发虚拟现实系统的软件平台和建模语言。1989 年,Quantum 3D 公司开发了 OpenGVS;1992 年,Sense8 公司推出了 WTK;1994 年 3 月,在日内瓦召开的第一届 WWW 大会上,与会者首次提出了虚拟现实建模语言(VRML),并开始了相关国际标准的制定,后续逐步形成了 X3D、WebGL 等标准。20 世纪 90 年代初期,由于虚拟现实在军事和航空航天等领域成功应用,业界一度掀起了大众化应用的热潮。由于个人计算机的图形处理能力不高,这一热潮没有得到持续,但直接激发了各类计算机图形加速硬件的研制。2002 年,NVIDIA 和 ATI 等公司推出可编程图形处理单元(Graphics Processing Unit,GPU),极大提升了个人计算机的 3D 图形实时处理能力。得益于 GPU,游戏和基于个人计算机的虚拟现实应用得以普及。此后,GPU 进一步拓展到通用计算,最终成为高性能计算机的重要组成部分。

进入 21 世纪后,虚拟现实技术商业化进程显著加快。2009 年,电影《阿凡达》使人们对虚拟现实有了更深刻的感受,这一年也被称为"3D 元年",其后很多国家掀起了制作 3D 电影的热潮,更具虚拟现实交互体验感的"4D 影院"已成为受大众喜爱的观影方式。2014 年,头戴式显示器 Oculus Rift 入选《MIT 科技评论》年度十大突破性技术,评论认为,"虚拟现实头显和沉浸式虚拟环境已经出现 30 多年,这项技术似乎开始进入最终的广泛使用阶段,从各种媒体报道来看,Oculus 不但价格便宜,而且摆脱了传统的昂贵头显带来的不适感,体验更好"。同时,2014 年成为虚拟现实被产业界认可的重要时期,国际大型企业纷纷进入这个行业。同年 3 月,Facebook 公司宣布斥资 20 亿美元收购 Oculus 公司;同年 7 月,Amazon 发布 FirePhone 3D 手机,用于增强 3D 购物/娱乐体验;同年 9 月,Microsoft 研发 3D 触觉反馈触摸屏,可以辅助医生"触摸"肿瘤,提升医疗诊断水平。SONY、SAMSUNG、Vuzix、NVIDIA、中兴、联想等巨头也纷纷进入头戴式显示器、移动终端 3D 处理等赛道。上述工作极大地促进了虚拟现实商业化的进程。

2016 年 1 月 14 日,高盛发布《VR 与 AR:解读下一个通用计算平台》的行业报告。该报告认为,VR/AR 技术的发展会推动头戴式设备成为一个新的计算平台;报告给出了到

2025年VR/AR软硬件三种预期：①悲观预期的市场规模将达到230亿美元；②标准预期的市场规模将达到800亿美元；③乐观预期的市场规模将达到1820亿美元。根据标准预期，VR/AR硬件的市场规模将超过届时的平板计算机；根据乐观预期，将超过笔记本与台式机的市场规模之和。另外，该报告给出了VR/AR的九大应用领域：电子游戏、直播、视频娱乐、医疗保健、房地产、零售、教育、工程和军事。以该报告为标志，2016年也被产业界称为"VR元年"。

2018年，美国发布了《2016—2045年新兴科技趋势报告》。该报告是在美国过去5年内由政府机构、咨询机构、智囊团、科研机构等发表的32份科技趋势相关研究调查报告的基础上提炼形成的。通过对近700项科技趋势的综合比对分析，最终明确了20项最值得关注的科技发展趋势。其中，VR和增强现实（Augmented Reality，AR）被列为第六项。报告认为，"超高清显示、低价的姿势与位置探测器及高清视频内容给混合现实科技打下了坚实的基础。在未来30年里，这些技术将成为主流技术。AR将相关信息实时为用户投放在现实中，而VR则可以通过融合视觉、听觉、嗅觉和触觉来实现深度沉浸的体验。"

近年来，元宇宙（Metaverse）成为市场上比较火的概念。元宇宙指利用科技手段连接并创造与现实世界映射和交互的虚拟世界，该虚拟世界同时是一个具备基本新型社会体系的数字生活空间。其本质是对现实世界的虚拟化、数字化，包括对内容生产、经济系统、用户体验以及实体世界大量真实内容的改造。其中，扩展现实（Extended Reality，XR）技术是VR与AR技术的综合，为用户提供沉浸式体验，与数字孪生技术、区块链技术共同成为支持元宇宙的核心技术。

1.2　虚拟现实的关联概念

在介绍具体技术之前，首先对虚拟现实相关的概念做一个简单的介绍。目前，学术界关于虚拟现实的概念与定义并不统一。在本书中，虚拟现实是指采用以计算机技术为核心的现代高端技术，生成逼真的视觉、听觉、触觉一体化的、一定范围内有效的3D虚拟环境，用户可以借助必要的装备以自然的方式与虚拟环境中的物体进行交互作用、相互影响，从而获得亲临真实环境的感受和体验。

虚拟现实技术充分利用计算机硬件和软件集成技术，提供一种实时的3D虚拟环境，用户借助必要的设备（如头戴式显示器、手套等）以自然的方式与虚拟环境中的物体进行交互，从而能够沉浸于虚拟环境中，产生接近真实环境的感受和体验。虚拟环境是由计算机生成的实时、动态3D逼真图形，它可以是对现实世界的再现，也可以是构想的虚拟世界。

下面再介绍3个与虚拟现实紧密相关的概念：混合现实（Mixed Reality，MR）、AR和增强虚拟（Augmented Virtuality，AV）。这些概念的区别在于虚拟环境与真实环境信息融合的程度。

虚拟现实的范畴如图1.2所示。图中最左端是真实环境，最右端是虚拟环境。当把少量虚拟环境的信息叠加到真实环境中时，所构造的系统即为增强现实系统；类似地，当我们在虚拟环境中引入少量真实环境信息时，所构造的系统即为增强虚拟系统。上述系统从广义上看，均可被称为混合现实系统。

"智能硬件之父"、加拿大多伦多大学的Mann教授对MR做出了不同的解释，他认为

图 1.2　虚拟现实的范畴

MR 是介导现实(Mediated Reality)。具体地,他认为智能硬件最后会向 MR 技术过渡,而在 MR 系统中,用户可以看到"裸眼看不到的现实"。

　　虚拟现实的发展过程受 4 个传统领域的支撑,即数值仿真(Numerical Simulation)、图形图像、游戏动画,以及计算机辅助设计与计算机辅助仿真(CAD/CAM),如图 1.3 所示。其中,传统仿真为虚拟现实提供概念仿真;图形图像为虚拟现实提供虚拟实体;CAD/CAM为虚拟现实提供人机交互支持;游戏动画为虚拟现实提供虚拟实体,如运动数据、表情等。

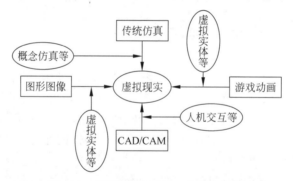

图 1.3　虚拟现实发展的 4 个传统领域

1.3　典型特征

　　学术界和产业界将虚拟现实的典型特征概括为 3I,即沉浸(Immersion)、交互(Interaction)和构想(Imagination),如图 1.4 所示。其中沉浸是指在视觉、听觉、触觉等方面给参与人员带来的临场感;交互是指提供适合参与人员使用的人机操作界面;构想是指通过沉浸和交互,使参与人员产生创想能力。

图 1.4　虚拟现实的 3I 典型
特征示意图

　　实际上,这些典型特征体现了虚拟现实的两个重要特点:3D 及交互。3D 是指虚拟现实在内容或虚拟环境方面具有与现实世界相近的 3D(包括时间维度)特点,这也是虚拟现实具有交互性和构想性的前提;交互指虚拟现实在呈现方面更为自然,且具有实时性特点,这也是虚拟现实 3I 特征的基础。从科学研究的角度看,虚拟现实又具有以下 3 个主要特点。

(1) 依托的学科多。如前文所述,虚拟现实的发展与壮大受多个传统学科支持,具有典型的多学科交叉融合的特点。

(2) 应用性强。虚拟现实可应用于模拟现实环境的训练和演练,也可用于规划、设计或预测虚拟未来环境,还可以用于娱乐。

(3) 高度依赖数据资源和计算资源。虚拟现实所依赖的底层技术,无论是图形图像、计算机仿真、游戏动画,抑或 CAD/CAM,均需要大量数据资源以及计算支持。此外,虚拟现实的呈现对显示设备也有很高的要求。可以说,正是现代计算技术(如 GPU、可穿戴设备)的发展,推动了虚拟现实的出现与繁荣。

近年来,随着大数据等研究和应用的兴起,利用对图像、视频、行业大数据的分析和学习以高效建模成为热点,如何提升虚拟环境的自适应性日益受到关注,智能化(Intelligence)也成为新时期虚拟现实研究与应用的重要特征,包括智能化建模、智能化渲染等。未来的虚拟现实将从 3I 逐渐向 4I 转变。

1.4 虚拟现实系统

典型的虚拟现实系统包含一个虚拟环境及若干化身,其逻辑结构如图 1.5 所示。

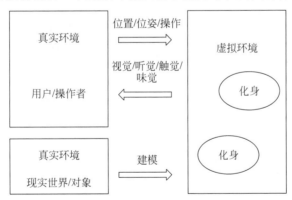

图 1.5 虚拟现实系统的逻辑结构

典型虚拟现实系统由搭载虚拟环境的高性能图形处理计算器、输入设备及输出设备组成,与现实层面相对应。不同类型的虚拟现实系统虽然在技术上具有共性,但表现形态因应用而异。目前,在虚拟现实研究和应用中,虚拟现实系统通常包括如下 4 种类型。

1) 沉浸式

这类系统主要面向高端应用,其典型特点是使用高端图形工作站(群)和高逼真感的视觉、听觉、触觉设备,以提供更好的沉浸感。例如,为确保视觉和听觉方面的良好体验,使用大型 360 度环幕、头戴式显示器、真 3D 显示器、高逼真声场设备等;为确保触觉和交互方面的良好体验,使用高精度 3D 定位、数据手套、体姿获取装置等沉浸式交互设备。

图 1.6 展示了沉浸式虚拟现实系统在航天航空领域的应用。该应用构建了一个六自由

度全任务飞行模拟器。飞行员可以在虚拟驾驶舱中进行训练。整个虚拟驾驶舱提供了包括视觉、听觉、触力觉等多种交互手段,以增强飞行员的沉浸感。

图 1.6　六自由度全任务飞行模拟器

图 1.7 中的数字人体器官模型及手术模拟器,展示了沉浸式虚拟现实系统在医学领域的应用。利用虚拟现实技术构建的虚拟手术台及辅助系统,可以帮助医学生熟悉人体的生理构造,进行基本的手术训练,还可以辅助医生进行牙齿矫正与龋齿修补、病灶检测与识别。

图 1.7　数字人体器官模型及手术模拟器

2)桌面式

这类系统主要面向普及型应用,其特点是基于个人计算机和常规交互设备,在通用硬件上构造简易型系统。例如,采用常规键盘、游戏杆、鼠标(3D 鼠标)、显示器(3D 显示器)、立体眼镜、立体音箱等,为了使交互更为自然,利用 Kinect、Wiimote 等便携装置获取用户的体姿和操控信息。

图 1.8 展示了虚拟奥运博物馆。该系统可运行在个人计算机或移动设备上。用户通过 3D 显示器或立体眼镜即可观看虚拟现实内容。此外,该系统还允许用户通过键盘、鼠标或

手势等更改观察视点。

图 1.8 虚拟奥运博物馆

3) 增强式

这类系统主要面向增强现实的应用,其特点是:利用机械、声波、光学、电磁技术获取运动物体的 3D 位姿,然后与虚拟对象进行注册、融合,并使用透视头戴式显示器,在现实场景中叠加虚拟物体,增加虚实融合的内容。

图 1.9 展示了大飞机虚实融合系统。该系统一方面提供了大飞机操作面板,另一方面为用户提供了虚实融合展示。图中的观察者佩戴特定头戴式显示器,可以看到虚拟的显示内容与真实的机械融合的效果。

图 1.9 大飞机虚实融合系统

4) 分布式

这类系统主要面向网络环境下的虚拟现实应用,其特点是:利用网络将不同节点的虚拟现实系统加以连接,构建共享一致的虚拟环境,从而进行协同和交互。这里的网络可以是专有网络,主要面向军事、航空航天等特定应用,也可以是互联网,面向教育、娱乐等大众普及型应用。目前,基于移动互联网的分布式虚拟现实系统是研究和应用的热点。

图 1.10 展示了分布式虚拟现实系统的典型架构。从图中可以看出,整个系统分为逻辑层(Logical Layer)和物理层(Physical Layer)。逻辑层主要实现虚拟环境。由于虚拟环境覆盖范围大,单机计算难以满足用户在虚拟环境中移动和交互的需要。因此,需要将虚拟环境与真实场景进行映射,将虚拟环境划分为不同的区域(Region)或更细粒度的单元(Cell)。在物理层,每个虚拟的区域可能对应一个真实的区域服务器(Region Server)。此外,物理层还设置了模型服务器(Model Server)与监控服务器(Monitor Server),用于数据处理与服务

管理。上述设备通过局域网(LAN)和无线热点(Access Point)与其他计算设备,如个人计算机、手持计算机(PDA)及可穿戴计算机(Wearable Computer)等协同工作。

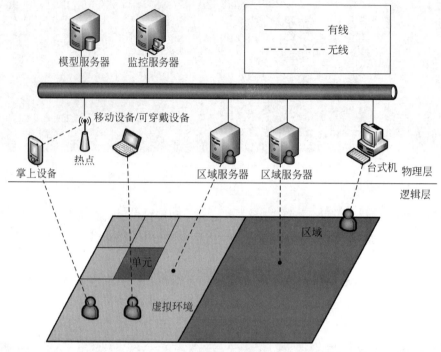

图 1.10　分布式虚拟现实系统的典型架构

1.5　虚拟现实系统的构建过程

　　虚拟现实系统的构建过程包括建模与渲染两大环节。其中,建模又可分为几何建模、物理建模与行为建模;渲染则包括视觉渲染、听觉渲染与触觉渲染等。此外,还需要为用户操作提供人机交互界面。这里使用的通用技术主要包括计算机图形学、计算机视觉与人机交互。此外,对于复杂的虚拟现实系统,还要设计分布式架构。通用的虚拟现实系统构建过程如图 1.11 所示。

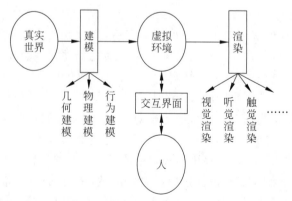

图 1.11　虚拟现实系统构建过程

1.6 习题

1. 虚拟现实的概念是什么？其主要特征是什么？
2. 构造虚拟环境的主要过程是什么？
3. 你认为构造虚拟环境的难点是什么？

第 2 章

虚拟现实常用软硬件

作为一类典型的计算机系统,虚拟现实包括输入、输出、计算等硬件设备及相应的软件设施。虚拟现实也包括用户、虚拟环境和现实环境三个要素。虚拟现实的大多数软件和硬件通常是专用的,因此早期都较为昂贵。随着 Kinect、Oculus Rift、HTC Vive 等硬件的出现,虚拟现实设备的价格逐渐为消费者所接受。

与常规设备不同,虚拟现实的输入设备更侧重于用户位置、位姿等的获取,输出设备更侧重于用户通过视觉、听觉、触觉、味觉和嗅觉感知虚拟环境的信息,对计算也有更高的性能要求。目前,虚拟现实计算设备往往采用图形工作站、高端显卡等,属于较为通用的设备。本章重点对虚拟环境输入、输出设备和常用软件进行梳理,并简要介绍一些典型设备的原理。

2.1 典型输入设备

虚拟现实的输入设备通常包括用户位姿获取设备、用户运动数据获取设备及真实物体几何材质属性获取设备等。

2.1.1 用户位姿获取设备

在虚拟现实系统中,需要获取用户头部或关节的位姿信息,这时就需要利用传感器对其进行跟踪定位。常用的跟踪设备主要包括 5 类:电磁跟踪设备、声学跟踪设备、光学跟踪设备、惯性跟踪设备和眼球跟踪设备。

1. 电磁跟踪设备

电磁跟踪是利用电磁特性进行位置和方向的跟踪。将这类技术运用到人机交互跟踪(如用在头戴式显示器上,对用户的头部进行跟踪)的研究开始于 20 世纪 70 年代末期,用于对战斗机飞行员的头部位置和方向进行跟踪。

现有电磁跟踪设备一般由控制部件、信号发射器(Transmitter)和接收器(Receiver)组成,发射器与接收器均包括 3 个相互垂直(正交)的电磁感应圈。发射器通过电磁感应圈产生磁场,接收器接收电磁波信号,并在电磁感应圈上产生相应的电流。根据接收的电流信号,通过控制部件预先设定的算法进行计算,就能得到跟踪目标相对于接收器的位置和方向。根据发射磁场的不同,发射器又可分为交流电发射器和直流电发射器。电磁跟踪设备的优点是体积小、重量轻、刷新率高、低延迟、价格低以及不受遮挡影响,其缺点是工作空间小,容易受到因磁场变化产生的误差影响。

目前,应用较为广泛的交流电磁场跟踪设备是 Polhemus 公司生产的 Fastrak,其延迟可达 4ms,并且数据刷新率高达 120Hz,有效跟踪范围为 1.5m。当磁场跟踪设备的接收器和发射器之间的距离小于 0.8m 时,Fastrak 的位置精度能达到 1.75mm,方向精度能达到 0.15°。另外,交流电磁场跟踪设备 Liberty 的刷新频率可以达到每个传感器 240 次/s,最多可以支持 16 个传感器,x 轴、y 轴、z 轴的精确度为 0.03 英寸(0.0762cm),方位角为 0.15°。它能够非常方便地追踪任何非金属物体的运动轨迹。

目前,应用较为广泛的直流电磁场跟踪设备,如 Ascension Technology 公司的 Flock of Birds 系统,其刷新率可达 100Hz,在没有噪声滤波器的情况下,延迟最低为 17ms。然而,由于缺少噪声滤波器,该跟踪设备的输出精度受到影响,导致在正常情况下,延迟往往大于 17ms。Flock of Birds 系统的有效跟踪范围为 2.5m,当接收器和发射器的距离小于 0.3m 时,位置精度和方向精度分别可达 1.8mm 和 0.1°。

图 2.1 展示了一套 Flock of Birds 系统,它包括一个发射器(XMTR)、若干接收器和若干控制盒,其中,一个接收器对应一个控制盒。另外,扩展发射器(ERT)和扩展控制盒(ERC)的数量可以根据需要灵活地选择,它们的作用是加大跟踪设备的工作空间,此外,还可以利用扩展器之间的级联关系进一步扩展工作空间。

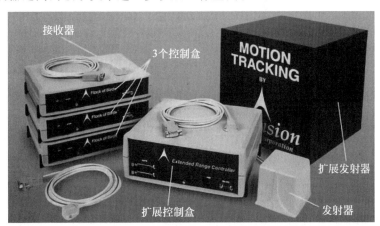

图 2.1 Flock of Birds 系统

2. 声学跟踪设备

声学跟踪技术利用超声波的特性实现对目标的位置跟踪,不过从理论上讲,也可以使用能够被人耳接收的波。声学跟踪系统根据跟踪方法可以分为两类:飞行时间(Time of Flight,ToF)和相位差(Phase-Coherent,PC)测量法。为了更好地确定目标的位置和方向,在实际应用中,通常采用多个超声波发射/接收传感器。

飞行时间测量法的技术原理和雷达相似,通过测量超声波脉冲从发出到反射回来的时间,计算发射器和反射物的位置和方向。典型的超声波跟踪设备由 3 个发射器和 3 个接收器组成。发射器被放置在跟踪目标上,而接收器则被放置在真实环境中已知的固定位置。目前,采用飞行时间测量法的跟踪设备的刷新率一般为 25~80Hz,位置精度可达 1.2mm,方向精度为 0.3°~0.6°,有效跟踪范围大约为 3m。

相位差测量法测距的原理是,通过比较参考信号相位与发射后反射回的超声波相位计算实际距离。采用相位差测量法的跟踪设备可以连续发射超声波信号,无须像采用飞行时间测量法的跟踪设备那样经历"发射—等待—检测"这样耗时的过程,因此可以采用滤波等抗干扰措施,提高系统的准确性。

Logitech 跟踪设备为虚拟现实系统传递六自由度信息,使用超声波信号跟踪运动物体,且速度达到 30 英寸/s(76.2cm/s)。与电磁跟踪设备相比,使用超声波的好处是,即使靠近计算机或大面积的金属,信号也不会受到干扰。

3. 光学跟踪设备

光学跟踪设备的感光设备种类较多,如普通摄像机、光敏二极管等。这类设备的光源类型也是多种多样的,可以是环境光,也可以是受跟踪设备控制发出的光。为了防止可见光的干扰,有时也使用红外线作为光源。光学跟踪系统使用的技术主要可分为标志系统、模式识别系统和激光测距系统 3 种。

1) 标志系统

标志系统(Marker System)也被称为信号灯系统或固定传感器系统,是当前最常用的光学跟踪技术之一。它有两种结构:自外而内结构和自内而外结构。

具有自外而内结构的光学跟踪设备是将一个或多个发射器(如发光二极管、特殊的反射镜等)安装在被跟踪的运动物体(如使用者的头部)上,一些固定传感器(如摄像机)从外面"看"发射器的运动,从而得出被跟踪物体的运动情况。这就是这类设备被称作自外而内系统的原因。Nolte L 在骨科手术中使用了基于该方法的手术导航系统,如图 2.2(a)所示。

该系统使用装配了光学标志点的手术工具,光学跟踪设备实时获取这些手术工具的位姿,位姿信息在计算机中实时与图像进行匹配并生成手术导航图像。G. D. Stetten 在手术中使用了基于光学跟踪方法的手术导航系统,在手术中,如图 2.2(b)所示,光学跟踪系统对安装在显示设备、手术工具和病人身上的光学标志点进行实时跟踪,将跟踪到的位姿与医学图像进行融合后在显示设备上显示。但是光学跟踪设备易受到遮挡的影响,并且在高速运动条件下容易造成成像模糊,从而导致跟踪失败。

 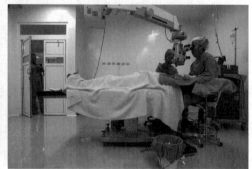

(a) 外接显示式光学跟踪手术导航系统　　　　(b) 半反射式光学跟踪手术导航系统

图 2.2　基于光学跟踪的手术导航系统

具有自外而内结构的光学跟踪的典型代表是 Honeywell 公司开发的 LED 阵列。该设备由 4 个已按照预先设定的模式放置在跟踪目标上的红外线发光二极管(LED)和一个固定在环境中已知位置的摄像机组成。根据摄像机采集到的图像中 LED 的位置以及 4 个 LED 之间的相互位置关系,就可以计算跟踪目标的位置和方向。该系统的刷新率为 50~80Hz,

延迟为 30ms 左右,位置精度和方向精度分别为 8mm 和 0.25°,有效跟踪范围为 10m。

具有自内而外结构的光学跟踪设备则正好相反,装在运动物体(如使用者的头部)上的传感器从里面向外面"看"那些固定的光源发射器,从而获取自身的运动情况,就好像人们通过观察周围固定景物的变化得出自身位置的变化一样。

具有自内而外结构的光学跟踪设备的典型代表为美国北卡罗来纳大学开发的光电天花板系统(Optoelectronic Ceiling Tracker System)。该系统在室内天花板上放置了 960 个红外线 LED,并在使用者头部固定了 4 个指向天花板的类似摄像机功能的光电敏感元件。每个光电敏感元件都有一个 10mm×10mm 的红外线探测器。当使用者在室内走动时,每个红外线探测器将采集到一幅天花板上的 LED 映射图像。根据 LED 在天花板上的位置及使用者头部光电敏感元件的固定几何关系,就可以计算出使用者头部的位置和方向。该系统的刷新率为 30~100Hz,延迟为 30ms 左右,其位置精度和方向精度分别为 2mm 和 0.1°,有效跟踪范围为 9m。

2) 模式识别系统

模式识别系统的原理是,通过比较已知样本模式与传感器得到的模式,得出物体的位置,是对标志系统的一种改进。把几个类似于 LED 的发光元件按某一固定阵列(即样本模式)排列,并将其固定在被跟踪对象的身上。然后,由摄像机跟踪拍摄运动的 LED 阵列,记录整个 LED 阵列模式的变化。这实际上是将人的运动抽象为固定模式的 LED 点阵运动,从而避免了从图像中直接识别被跟踪物体所带来的复杂性。

3) 激光测距系统

激光测距系统将激光发射到被测物体上,然后接收从被测物体上反射回来的光,从而测量出被测物体的位置。激光通过一个衍射光栅射向被跟踪物体,然后接收经物体表面反射的 2D 衍射图的传感器记录。这种经反射的衍射图带有一定的畸变,而这一畸变与距离有关,可以作为对距离的一种量度。

IMPULSE 激光测距/测高仪(简称 IMPULSE)通过激光传感器和倾斜传感器计算实时的距离和角度值。在测量时,IMPULSE 由发射镜射出一束红外线,红外线遇到目标物后被反射回接收镜,而 IMPULSE 的激光传感器则通过计算红外线短脉冲飞逝的时间确定距离,倾斜传感器则负责测量垂角,通过计算确定高度、仰角、斜度、水平距离等数据。

IMPULSE 的光谱灵敏度高,能测量反射和非反射的目标,最大测量距离可达 600m,但实际最大测量距离则受具体目标和周围环境的影响。倾斜传感器能够进行 360°测量,在仪器上表现为 ±180°,向上旋转为正值,向下旋转为负值。

图 2.3 展示了经典的光学跟踪设备 HTC Vive 的 Lighthouse 定位系统。与传统光学追踪设备使用光学镜头与标记定位系统不同,HTC Vive 的 Lighthouse 定位系统使用图 2.4 所示的双基站定位系统。每个基站里有 1 个红外 LED 阵列、2 个转轴互相垂直的可旋转红外激光发射器,转速为 10ms/圈。基站的工作状态是:20ms 为一个循环,在循环开始的时候红外 LED 闪光,在最初的 10ms 内,x 轴的旋转激光扫过整个空间,y 轴的红外激光发射器不发光;在下一个 10ms 内,y 轴的旋转激光扫过整个空间,x 轴的红外激光发射器不发光。Valve 公司在头戴式显示器和控制器上安装了很多光敏传感器,在基站的 LED 闪光之后就会同步信号,然后光敏传感器可以测量 x 轴的激光和 y 轴的激光分别到达传感器的时间。这个时间恰好是 x 轴和 y 轴的激光转到这个特定的、点亮传感器的角度的时间,于是,就得

到了传感器相对于基站的 x 轴和 y 轴的角度了。分布在头戴式显示器和控制器上的光敏传感器的位置也是已知的,于是通过各个传感器的位置差,就可以计算出头戴式显示器的位置和运动轨迹。

图 2.3　光学跟踪设备 HTC Vive 的 Lighthouse 定位系统

图 2.4　Lighthouse 定位系统的双基站定位系统

从理论上讲,Lighthouse 定位系统的精度依赖于系统的时间分辨率。这就意味着,多个光敏传感器之间需要一定的距离,因此设备不能制造得太小。光敏传感器本身也有一定的宽度,如果传感器"挤"在一起,传感器的间距达到了传感器本身可测量的精度量级(例如,传感器间距达到了毫米级,但传感器本身测量的精度就是毫米级,那么传感器的间距很大程度上就会影响测量的精度),那么测角本身就会出现误差。Lighthouse 定位系统具体能支持多高的测角精度,Valve 公司并没有给出数据。同时,Valve 公司也表示,需要至少 5 个传感器才能够保证一个刚体的六自由度跟踪。

这个系统有两个优点。第一个优点是它需要的计算能力非常低。一个光学系统需要进行成像,然后程序就需要通过图像处理的方法将成像中的标志点分辨出来。成像的细节越丰富,需要的图像处理计算能力就越高。所以红外摄像头比单色摄像头简单,单色摄像头比彩色摄像头简单。Lighthouse 定位系统使用的是时间参数,不涉及图像处理,对位置的计算在设备本地就可以完成。第二个优点是它的延迟很低。计算能力需求高就意味着延迟会高:图形处理对应的大量数据要从摄像头传输到计算机中,再从计算机传输到头戴式显示器上,因此会增加延迟。而 Lighthouse 定位系统可以直接将位置数据传输到计算机上,省略了从摄像头到计算机的高数据传输的步骤。

4. 惯性跟踪设备

惯性跟踪设备使用惯性传感器进行跟踪,主要包括陀螺仪(Gyroscope)传感器和加速器(Accelerator)传感器。

从原理上讲,高速旋转的陀螺仪有保持其旋转轴朝向不变的能力,可以测量被跟踪物体的三自由度运动(yaw、roll、pitch),从而实现对头部方向运动的跟踪。加速器用来测量头部运动的加速度或环境中运动物体的加速度,实现对头部位置运动的跟踪。

目前,常见的惯性跟踪设备有两种。一种是 MTX,这是一种小而精确的三自由度方位跟踪器,可提供免费的 3D 动态数据:3D 加速度、3D 旋转速度(移动速度)、3D 地球磁场。对于人体部分方位的测量,MTX 是一种很好的测量手段。另一种是 Ascension 3D-Bird 跟踪系统,这套设备可以完成方位角的跟踪,且不受范围限制或视线限制。因为没有电磁发射,几乎不会受到金属干涉。Ascension 3D-Bird 用普通的个人计算机即可运行。没有电子单元意味着简化,可以以较低的成本使结构更为健全。

5. 眼球跟踪设备

ASL 的 Mobile Eye 是可移动的眼球轨迹追踪设备,专为需要自由移动应用而设计,可以用在室内,也可以用在室外,它紧凑、坚固,能应用于体育场景。该设备重量轻,用于记录的设备也很小,能固定在皮带上。眼睛图像和场景图像交错地保存在特制的 DVCR 磁带里,以确保足够高的分辨率,它的采样率为 25~30Hz。

ASL Model 504 是一款眼球位置追踪设备,利用抓取眼睛的视线原理来控制屏幕上的光标位置,也就是注视点与屏幕在哪一点相交,光标就移动到相应位置。这款系统的跟踪范围约 1m。

Quick Glance 2 允许用户通过视线的移动控制光标在屏幕上的指向,通过眨眼或凝视实现鼠标单击的功能。

2.1.2 用户运动数据获取设备

1. 运动数据获取设备

运动捕捉是记录人体的运动信息以供分析和回放的技术。捕捉的数据既可简单到记录躯体部件的空间位置,也可复杂到记录脸部和肌肉群的细致运动。而应用在计算机角色动画的运动捕捉则涉及如何把真人动作转换为虚拟角色的动作,这种转换映射可以是直接的,比如用真人演员的手臂运动控制虚拟角色的手臂动作;也可以是间接的,比如用真人演员的手臂和手指动作来控制虚拟角色的皮肤颜色和情绪等。

运动捕捉技术的出现可以追溯至 20 世纪 70 年代末,当时的迪士尼公司在电影《白雪公主与七个小矮人》中试图通过"临摹"高速拍摄真实演员动作的连贯相片来提高动画角色的动作质量,然而结果不尽如人意,动画角色的动作虽然逼真但缺乏卡通性和戏剧性,因此迪士尼最终放弃了该动画制作方法。当计算机技术开始应用于动画制作时,美国纽约计算机图形技术实验室的 Allen 设计了一款水银镜子,将真实舞蹈演员的表演姿势投射到计算机屏幕上,作为数字舞蹈演员动画关键帧的参考。

此后,运动捕捉技术吸引了越来越多研究人员和投资人的目光,并从实验性研究逐步走向了实用化和商业化。随着计算机软硬件技术的飞速发展,目前在发达国家,运动捕捉已经得到广泛的应用,成功地应用于影视特效、动画制作、虚拟现实、游戏、人体工程学、模拟训练、生物力学研究等许多方面。

1）全身运动捕捉系统

全身运动捕捉系统主要分为两种类型：机械电子式运动捕捉系统和光学运动捕捉系统。下面分别简单介绍这两类系统。

（1）机械电子式运动捕捉系统。

ME4 是 ME 机械电子式运动捕捉系统的最新型号，ME4 更贴身、重量更轻、操作更简单，其设计最大限度地满足了用户动作的自由度和舒适度，由安放在人体 17 处关节的 43 个运动传感器精确记录运动者骨骼的转动。ME4 价格低，最多可同时捕捉 16 人的运动信息，没有光学运动捕捉常见的测量死角和标记点混淆，没有电磁跟踪设备常见的由于受外界干扰产生的误差。增加传感器锚点数量、位置（头、肘、膝盖、臀部）可配合完成如头手倒立、四肢匍匐、就座等复杂动作的捕捉。

（2）光学运动捕捉系统。

PS（PhaseSpace 公司的产品）光学运动捕捉系统是目前光学运动捕捉系统中价格最低、性能最好的系统。它依靠主动方式的、一元硬币大小的 LED，可以快速、高精度、方便地获取人体各个部位的运动数据。PS 光学运动捕捉系统能够实时获取多达 120 个 LED 主动方式标志点的运动轨迹，相比于传统的被动方式标志点的光学运动捕捉系统，具有良好的性能。采用主动式 LED 标志，每个标志都是唯一的，因此很好地解决了运动标志点的错位问题。即使某一个标志点的 LED 脱落，系统依然能够识别。采集数据的频率为 480 次/s，可以同时采集 120 个 LED 标志点的数据。由于需要进行数据的过滤处理、消除不规则数据等，大部分运动轨迹跟踪系统存在延迟问题。但是由于 PS 光学运动捕捉系统采用主动式 LED 标识，轨迹数据没有噪声，因此不需要进行数据的过滤处理。

Charnwood Dynamics 公司的 CODA Motion 系统是主动式光学运动捕获系统。它由 CODA 传感器模块、网络集线器（hub）和个人计算机组成。所需的标志点和驱动盒的数量根据用户需求而定。最多可同时使用 6 个 CODA 传感器模块，可与测力台、肌电图（Electromyography，EMG）系统等外部设备一起使用。每个 CODA 传感器模块包括 3 个传感器，安装在钢架上。两端的传感器测定水平运动，中间的传感器测定垂直运动。这种设计可让每个 CODA 传感器模块预先校准，提供 3D 坐标，且无须在坐标区域内定标。该系统广泛应用于运动、人体工程学、实时动画制作、工业测量、临床运动分析、知觉动作技能研究等领域。它适用于医院、工厂、大学、运动场、动画制作摄影棚和国际空间站等环境。

2）面部表情捕捉系统

FT45 面部表情跟踪系统（下文简称"FT45 系统"）是广泛使用的人类面部表情跟踪系统。通过面部的 36 个不同标记，FT45 系统可以实时捕捉面部运动数据。研究者可以在不同的场合多次重复使用这些数据。这些数据可以用在其他虚拟角色的 3D 脸部模型上，从而获得和表演者相似的表情，也可以制作表情变化的效果。

2. 数据手套

数据手套是一种通用的人机接口，它实时获取人手的动作和位姿，以便在虚拟环境中再现人手的动作，达到理想的人机交互目的。数据手套的关键在于手掌、手指及手腕的各个有效部位的弯曲、外展等测量以及在此基础上对位姿的反演。完成反演主要取决于对人体手部位姿的建模，确定传感器测量数据和手部各关节运动位姿的对应关系。目前主流的数据手套设备有两种。一种是 5DT PINCH 手套系统,这套设备性能可靠、使用成本低。使用数据手套,可以抓住一个虚拟物体,捏住中指和大拇指则可执行一个动作。手-行为接口系统让开发者和沉浸式应用系统的用户在虚拟环境中通过手实现与环境的互动。该设备在布料手套每根手指的位置都安装了电感应器。捏住任何两根(或两根以上)手指都能够完成一个完整的路径和一个复杂动作。另一种是 Essential Reality P5 Glove 数据手套,该设备是由 Mattel 公司专门为游戏设计的,是互动游戏的必备装备。该产品拥有定位系统,可以以六自由度侦测 5 根手指的动作,通过 USB 接口与计算机连接。

2.1.3　真实物体几何材质属性获取设备

1. 3D 扫描仪

3D 扫描仪可以在极短的时间内获得物体表面高密度的完整点云数据。设计人员通过处理扫描所得到的物体表面的点云数据,可以迅速便捷地将这些数据转换为 3D 模型,大大节省了技术人员的设计时间,从而提高工作效率。处理后的 3D 数据可广泛应用于模具设计、逆向工程、实体测量、质量检测和控制、影视制作及人体测量。

3D 扫描仪根据不同原理可分为接触式扫描仪和非接触式扫描仪,下面分别简单介绍它们。

1) 接触式扫描仪

接触式扫描仪通过内置高精度位置和方向传感器感知探头所处位置,主要产品是 MS 接触式数据化仪。MS 接触式数据化仪由三段碳纤维臂构成,臂与臂之间由球状连接器连接,内置高精度位置和方向传感器,以感知探头所处位置。

2) 非接触式扫描仪

非接触式扫描仪又分为激光扫描仪和结构光式 3D 扫描仪。

(1) 激光扫描仪。

激光扫描仪使用条状激光对输入对象进行扫描,使用电荷耦合器件(CCD)相机接收其反射光束。根据三角测距原理获得与拍摄物体之间的距离,进行 3D 数据化处理。目前已成形的产品有 DeltaSphere-3000、FastSCAN Cobra、ModelMaker 以及 VIVID 系列等。

其中,DeltaSphere-3000 利用飞行时间和可调整射线激光测距仪,迅速产生精确的全景式 3D 点布景。这种数据的布景可以与色彩信息(由可选、集成、高精度的彩色数码相机获得)结合产生精细而精确的 3D 影像。FastSCAN Cobra 是 Polhemus 公司研制的手持激光扫描仪,具有价格低、体积小、使用和携带更加方便、快速、灵活的特点,最重要的是加快了对 3D 模型和动画的处理速度。ModelMaker 是一款便携式激光扫描仪。该扫描仪安装在一个机械手臂上,围绕着物体移动,能够自由、快速地采集高分辨率 3D 数据。VIVID 系列结合 KONICA MINOLTA 几十年的光学图形图像处理技术和现代激光测距技术,可以快速地同时获取物体表面的 3D 信息和彩色纹理信息。每一条激光线上分布了 640 个激光点,一次扫描发射 480 条激光线,可获取超过 30 万个具有 x 轴、y 轴、z 轴和 RGB 信息的点。扫描精度最高为 0.1mm,建模精度小于 0.1mm。特点为非接触、采用照相方式、速度快、精度高、可获取彩色纹理等,标配的 3 个镜头也可以用于扫描牙齿模型、人体、馆藏文物、室外大型物体、小型或大型机械零部件等,且对扫描范围、扫描物体和扫描环境没有任何要求。

（2）结构光式 3D 扫描仪。

结构光式 3D 扫描仪有别于传统的激光点扫描和线扫描方式，该扫描系统采用结构光照相原理对物体进行快速的面扫描。目前成型的产品有 3D REALSCAN 和北京天远的 3D 扫描系统。

其中，3D REALSCAN 非接触式激光扫描系统利用光学三角测量原理测量物体的外形，再依据得到的点云数据构造物体的 3D 模型，结果可直接应用在加工或快速成型等方面。

北京天远的 3D 扫描系统可对物体进行快速扫描，从而得到物体表面的点云数据，处理后得到 CAD 3D 数据模型，可广泛应用于模具设计、逆向工程、实体测量、质量检测和控制、影视制作及人体测量等领域。

2. 3D 照相机

1999 年，KONICA MINOLTA 公司推出的 3D1500 数码照相机，可将现实世界中的实物实景拍摄为 3D 影像。3D 数码照相机在逼真再现立体世界方面还存在着不足，比如，目前只能通过 3D 技术再现小实物，拍摄后在计算机中处理时需要花费较长的时间。目前的 3D 照相机主要有 Komamura 公司的 Horseman 3D camera，它采用了双镜头组，但双镜头是同时工作的，因此不需要额外的处理就可以直接拍摄出可通过红蓝 3D 眼镜观看的立体照片。

2.2 典型输出设备

2.2.1 视觉输出

显示技术是虚拟现实系统的基本技术之一，显示效果的好坏直接影响了用户对虚拟环境的感受。目前主要的一些显示设备有 3D 眼镜、头戴式显示器、3D 环幕仪、全息显示器和真 3D 立体显示器等，下面分别进行简单介绍。

1. 3D 眼镜

由于人的左眼和右眼看到的画面不一样，存在角度上的偏差，大脑在处理左眼和右眼看到的画面时就形成了"立体视觉"，因此，画面便产生了立体感。3D 眼镜利用液晶光阀高速切换左眼和右眼的图像，使左眼和右眼的画面连续交替显示在屏幕上，加上人眼视觉暂留的生理特性，使用者便可在屏幕上看到真正的立体 3D 图像。3D 眼镜分为有线和无线两种类型，支持逐行和隔行立体显示，也可用无线眼镜供多人进行观察。

目前，3D 眼镜技术已经比较成熟，大多数刷新率均已达到 120Hz 以上，如 eDimensional 公司生产的一款无线 3D 眼镜，可以将观看的 PC 电子游戏转换成真实的 3D 游戏。CrystalEyes 立体眼镜由红外线信号触发，3D 效果的产生范围为佩戴者移动位置的 2～3m 内。此外，还有 Eye3D 无线立体眼镜、NuVision 60GX 无线液晶（LC）眼镜。

2. 头戴式显示器

头戴式显示器的原理是将小型 2D 显示器所产生的影像借由光学系统放大。具体而言，小型显示器发射的光线经过凸透镜使影像因折射产生类似于在远处的效果。利用此效果将近处物体放大至远处观赏，从而实现全像视觉（Hologram）的效果。

头戴式显示器根据使用模式的不同可以分为单目显示器和双目显示器。根据融合方式的不同可以分为通过视频融合的视频透视式头戴式显示器(Video See-Through HMD)和基于光学原理的光学透视式头戴式显示器(Optical See-Through HMD)。

视频透视式头戴式显示器将一个封闭的视频头盔与两个视频摄像机结合在一起。视频摄像机为用户提供真实世界中的场景,这些真实的视频同虚拟信息生成器产生的虚拟图像相融合,最终结果会在封闭式头盔上的显示器上表现出来。这样一来,用户便可观察到增强的真实世界,如 Rockwell Collins ProView VO35 拥有全彩色 SVGA,35°对角线视野,重量轻且耗电量低。还有 Cybermind 的 hi-Res900,它的头部收发器可以与多数计算机以及影像输入格式兼容,提供 800×600 SVGA 的影像质量。该设备的面罩是用橡胶制作的,可以完全贴在脸上,在不产生异物感的同时阻绝了所有光线,让使用者可以得到更好的沉浸式虚拟实境体验。

基于光学原理的光学透视式头戴式显示器通过一对安装在眼前的半透半反光学合成器,实现对外界真实环境与虚拟信息的融合。真实场景直接透过半透半反镜呈现给使用者,虚拟信息生成器根据头部跟踪器跟踪的位置计算生成虚拟场景信息,之后经半透半反镜反射进入人眼,真实场景和虚拟信息的融合通过光学合成器来实现。nVisorST 是一款高清并带有透视功能的立体显示头盔,主要应用于增强现实。该头盔整合了高分辨率的彩色微显示器和传统的工程加固后的光学仪器,能在较大的视觉范围内提供非常好的视觉灵敏度。此外,该头盔具有非常人性化的设计,使用者可以方便地对内部目镜的距离、眼部的松紧度以及头盔的平衡度进行调整。

3. 3D 环幕仪

随着显示技术的不断发展,显示器的分辨率越来越高,尺寸也越来越大,随后又出现了双屏的概念。Matrox 最早将双屏显示概念推向市场并不断从应用角度进行完善,随后推出了三屏环视显示技术。三屏显示的先锋——3D 环幕仪(Matrox TripleHead2Go)是一个长方形的外置盒,用于连接计算机现有的单一显示输出,经过处理后,画面会被传送至三台独立的显示器。3D 环幕仪本身并非图形卡,而是通过外置盒控制系统当前的图形方案来渲染所有 2D、3D 图形和视频,并增加多屏幕显示支持。它将 3840 像素×1024 像素的 Windows 桌面分割为 3 个 1280 像素×1024 像素的屏幕,分别显示在三台独立的 1280 像素×1024 像素显示器上。

投影时采用边缘融合技术,将一组投影机投射的画面进行边缘重叠,并通过融合技术显示一个没有缝隙、更加明亮、大型、高分辨率的画面,画面的品质等同于一台投影机投射的画质。

4. 全息显示器

全息技术是英国科学家 Gabor 于 1948 年提出的一种全新的成像概念。按照物理学的近距作用理论,人眼之所以能看见外界物体,并不是因为物体是客观存在的,而是由于物体发出的光波到达了人眼的视网膜,视网膜上的视觉神经细胞接收物光波,从而产生 3D 空间像。按照这一新的成像理论,Gabor 采用了和传统照相截然不同的思路和方法,他并没有在 2D 底片上建立与物体相似的像,而是完整记录 3D 物体信息的物光波的振幅和相位分布,并将记录结果称为"全息图"。通常可以将全息图理解为一个大容量的存储器件,存储或"冻结"了 3D 物体的全部信息。为了从全息图中提取物光波的信息,还必须采用适当的光波照射全息图,"解冻"或恢复原来的物光波,人眼朝向再现物光波进行观察时,就如同通过全息图去观察原来的真实物体一样。全息技术是一个两步成像过程,即物光波的记录(存储或编码)和再现(恢复或解码)的过程,通常前一过程利用光的干涉实现,后一过程利用光的衍射完成。

随着全息技术的发展,出现了多种类型的全息图,从不同的角度考虑,全息图可以有不同的分类方法:从物光和参考光的位置是否同轴考虑,可以分为同轴全息图和离轴全息图;从记录时物体与全息图的相对位置考虑,可以分为菲涅尔全息图、夫琅禾费全息图和像面全息图;从记录介质的厚度考虑,可以分为平面全息图和体积全息图。

5. 真 3D 显示器

基于人眼立体视觉的 3D 成像受到观察角度、辅助仪器、眼睛观察时间等限制。由于焦距固定,眼睛在场景中无法像观看一个真实物体那样收缩或改变焦距,所以没有在真正意义上实现物体的全面 3D 显示。全息技术无法显示动态立体图像,很大程度上限制了全息技术在现代信息显示中的应用。随着计算机技术和图形图像技术的发展,出现了直接在 3D 数据场中生成体素点,无须佩戴任何辅助设备,可全视角、多人同时观察立体图像且具有物理景深的 3D 显示器,即真 3D 显示器,相关技术被称为真 3D 显示技术。按成像原理不同,真 3D 显示技术可分为静态成像技术和动态成像技术两种。

静态成像技术的原理是用两束激光照射一个由特殊材料制造的透明图像空间,经过折射,两束光相交于一点,激发图像空间材料发光,便产生了组成立体图像的最小单位——体素。每个体素对应真实物体的一个实际点,当这两束激光快速移动时,在图像空间中就形成许许多多个交叉点,无数个体素点就构成了真 3D 的物体图像。

动态成像技术将显示的图像用 2D 切片的方式投影到一个旋转或平移的屏幕上,同时该屏幕以观察者无法察觉的速度在运动,由于人眼具有视觉暂留特点,从而在人眼中形成 3D 影像。

目前美国、德国、日本、俄罗斯等国家都有相关方面的研究。当前几种先进的真 3D 立体显示器包括 Felix 3D 以及 Perspecta 3D 等。其中,Felix 3D 显示器是使用体扫描技术的真 3D 立体显示器。它可以显示应用 CAD 软件所产生的标准图像,可以较容易地输入和实时地使用 Felix 控制软件进行交互式转换。图像是通过声光检流计或多棱镜的偏转单元,再综合激光、色彩混合器而“画”在旋转屏上。该显示器的标准设计使用户能够并行操作几个相同或不同的发射单元,为实现特定的目的可使用适当的屏幕。Felix 3D 显示器的优点是简洁、轻便、可扩展和容易运输,其主要部件既廉价又简易,符合标准化。美国 Actuality 公司的 Perspecta 3D 立体显示器采用旋转屏幕技术,用一个 XGA 级别的高分辨率(1024 像素×768 像素)投影仪将图像投影到一个旋转屏幕上。该屏幕将光学投影器件和三组有着转向投影作用的平面镜放置在一起,以 600r/min 或更高的速度旋转。被投影的图像实际上是呈放射状的“图像切片”,由于视觉暂留,这些图像切片快速连续地投影到 3D 空间,从而在人眼中形成有真实立体感的 3D 图像。

2.2.2　力触觉输出

很多虚拟现实系统都需要具备力触觉方面的沉浸感。近年来,力触觉再现技术逐渐成为研究热点,美国斯坦福大学和哈佛大学等院校先后开展了力触觉建模、力触觉再现以及力触觉的生理与心理机制的研究。

力触觉设备从功能上分为力觉/动觉反馈（Force/Kinesthetic Feedback）和触觉反馈（Tactile Feedback）两大类。触觉反馈信息包含了材料的质感、纹理以及温度等，力觉感知设备要求能反馈力的大小和方向。与触觉反馈设备相比，力觉反馈设备技术更成熟一些。

1. 力觉/动觉反馈设备

力觉反馈设备是虚拟现实系统中的一种重要的设备，能使参与者在虚拟环境中具备动觉和力觉。它们可提供高度逼真的 3D 力觉反馈能力，能进一步增强虚拟环境的交互性，从而真正体会到虚拟世界中的交互真实感。力觉反馈设备广泛应用于虚拟装配、虚拟医疗、虚拟造型、路径漫游、远程操作及分子建模、微操作、机器人及自动化等诸多领域。同时，它们还提供接口适配器，可用于附加多种器械工具，如机器手、内窥镜器械、牙医器械、生物医学模拟器械领域。这些设备提供了真实的人机交互接口，能让参与者真正感受虚拟世界的客观存在，从而大大增强沉浸感，满足用户对虚拟现实系统的力觉交互需求。

SensAble 公司的 Phantom 系列力觉交互设备能使用户接触并操作虚拟物体。Phantom 可以提供非常大的工作空间和反馈力以及六自由度运动能力，其全线产品可提供相应的桌面解决方案。Phantom Desktop 系统具有更高的精度、更大的反馈力以及更低的摩擦力，而 Phantom Omni 则是价格较低的力觉交互设备。

瑞士 Force Dimension 公司的 3D-Delta haptic device 以及 6D-Delta haptic device 基于 Delta 自由机械结构构建而成。3D-Delta haptic device 力觉反馈装置采用了轻质的铝框和坚固的落地式传动装置，与其他同类型设备通常采用的串行机械结构相比，有助于显著减少惯性。而且，这种并行机制能够大大增加刚度和耐用性，使之成为非常可靠的、用于桌面应用的点触式力觉反馈设备。不同于 3D-Delta haptic device，6D-Delta haptic device 的自由度拓展为 6 个，可用于显示高保真、高品质的肌肉运动力觉反馈信息。由于采用了独特的并行机械结构，Delta 设备能够在很大的工作空间上传达大范围的压力和扭矩信息；而采用其他机械结构的同类型设备，或者受力能力有限，或者工作空间很小。另外，并行机械结构连同装在基座上的传动装置一起，可产生很高的刚度及很低的惯性。因此 Delta 设备成为目前典型的力觉反馈设备之一。

美国 Immersion 公司的 CyberGrasp 是一款质量很轻且具备力觉反馈功能的装置，可以附着在数据手套上。通过 CyberGrasp 的力觉反馈系统，用户可以触摸虚拟环境中的 3D 虚拟对象，感觉如同触碰到真实的对象一样。接触 3D 虚拟物体所产生的感应信号通过 CyberGrasp 特殊的机械装置产生实际的接触力，让使用者的手不会因为穿透虚拟对象而破坏真实感。通过 CyberGrasp 系统，用户可以完成精确的动作，而且穿戴者的动作不受阻碍，并具有延展性，适用于任意尺寸大小的空间。

东京大学的研究人员最近研制出一种如同真人皮肤的新型传感器，可以感知施加在其表面上的压力的大小和方向，他们还计划开发具有接近人类触觉的机器手。

2. 触觉反馈

相对于力觉反馈，触觉反馈还处于初级阶段。日本岐阜大学工学系元岛栖二教授领导的研究小组成功开发出世界最小的超敏感触觉传感器，在医疗器械领域应用前景广泛。传感器在约 0.1mm^3 的合成树脂中埋入了直径 $1\sim10\mu\text{m}$、长 $300\sim500\mu\text{m}$、像弹簧一样的螺旋状微细碳线圈元件。当这种微小的碳线圈接触物体之后，会将微小的压力和温度变化转换成电信号。此外，这种传感器还可以感知"拧""摩擦"等信号。虚拟纺织品触觉传感（Haptic

Sensing of Virtual Textiles）项目是由欧盟未来与新兴技术计划（Future and Emerging Technologies Program）资助、日内瓦大学 MIRALab 负责的一项研发项目，力图让人们感觉到与触摸真实纺织品类似的触感，其方法是把描述纺织品表现形式的精细模型与新的刺激性触摸设备相结合，真实地模拟纺织品质感的物理属性。要想再造出这种虚拟感受，需要把纺织品的压力、张力和变形状况等属性的详细测量数据输入计算机，然后再通过两种新的物理界面让用户感受到这些虚拟纺织品，一种是触觉手套（其背面带有电子机械控制系统），另一种是每个手指下的移动针脚阵列。当触摸插脚把材料的质地触感传达给触觉手套时，触觉手套可以向佩戴者的手指发出一股力量使其获得触摸纺织品的感受。

2007 年，美国西北大学的 Colgate 等研制了触觉再现设备 TPaD，利用压电致动器产生振动改变材质的表面摩擦系数，其触觉再现单元是一个直径为 25mm 的玻璃圆盘，可将摩擦系数由 0.9 降至 0.1，但此设备受限于压电陶瓷的尺寸，只能在很小的平台上实现。在 TPaD 的基础上，2009 年，Colgate 等将改进的设备取名为 ShiverPaD。相比于上一代产品，ShiverPaD 不仅能在平面产生点振动，同时将振动范围扩大到横向的一维线性平面上，其每秒能够产生 800Hz 左右的振动并能在横向运动周期内完成超声减阻。通过改变一个横向运动周期内摩擦力，该装置可在手指上生成横向力并可使手指感知剪切力。2012 年，Chubb 等开发的 LateralPaD 也实现了类似的想法，并减少了额外的超声噪声，增大了横向的运动频率。2012 年，Mullenbach 等开发的 ActivePaD 实现了横向速度与大振幅运动控制，实现了结合图像的三自由度平面触觉再现。该设备利用摩擦力调制横向运动，能够实现复杂的触觉环境。2013 年，美国西北大学的 Colgate 等将研究成果集成到 TPaD Fire 的便携终端上，在超声波振动产生触觉信息的基础上，结合手指位置实时检测玻璃表面纹理，可实现超过 100mN 的反馈力。

近年来，国内外学者利用静电力反馈研制出多种表面触觉反馈系统。2009 年，芬兰的 Lin-jama 等采用静电力觉/触觉再现技术研制出 E-Sense，2010 年，美国迪斯尼研究中心的 Bau 等研制出如图 2.5 所示的 TeslaTouch，这两种设备均能在显示屏幕表面实现触觉纹理的再现，测试者能明显感觉到了多种的触觉信息。2012 年，Nokia 实验室与剑桥大学合作共同推出了基于石墨烯的静电力表面触觉反馈系统 ET，相对现在的 ITO 导电材料，石墨烯最大的好处是形变能力强，可以应用到下一代可形变的触摸屏上。测试结果显示，当压力为 0.8N 时，加入 ET 后摩擦力明显增加，其变化率为 26%，当压力为 1N 时，变化率为 24%。

图 2.5 TeslaTouch

在电刺激触觉反馈方面，日本的 Kajimoto 实验室研发了一套接触式电刺激触觉反馈系统。这套系统工作电压在 300V 左右，通过击穿皮肤直接刺激人体的触觉感知细胞使人体感知到触觉变化。此设备工作时流过人体的电流为微安级别，功耗较低，并且能在 $1.45\mu s$ 时间内完成一个反馈循环。

对于基于物理形变的表面触觉技术，大多通过显示仪器表面的微小变化，在尽可能不影响视觉效果的同时，使用户感知触觉反馈。2009 年，韩国的 Yang 等开发了一套可以放置在触摸屏下方的微型针矩阵表面触觉反馈系统，由弹簧、顶杆、永磁铁、螺旋线圈、开关等部分构成，通过电磁铁与永磁铁之间的相互作用，可以实现顶杆对屏幕的曲张与振动。此设备分辨率为 3mm，功率输出在 0.5W 以下，体积为 $15mm\times15mm\times8.5mm$，重量只有 8g，并且可以应用在移动终端上。该系统最大特点是能够实现触觉再现的两大要素：对皮肤的曲张与力量的变化。

2009 年，美国的 Tactus 公司研发了一种很薄的触觉反馈层，可以直接加在普通的触摸屏上。触觉反馈层是充满液体的微通道，通过控制命令可以改变这些液体的压力与流向，并在触摸屏表面形成水泡样的按钮，如图 2.6 所示。此技术与 Yang 开发的系统类似，都通过改变用户手指表面的曲张与受力让用户感知到触觉反馈。

图 2.6　Tactus 触觉反馈技术

2013 年，德国的 Roudaut 等研发出应用于手机的薄膜触觉反馈系统，该系统在手机表面增加一层薄膜，在手机下合成 6 个电机与驱动板，当手机收到信息时，电机拖动薄膜产生触觉反馈，用户通过感知薄膜位置的变化感知信息内容。利用此系统，用户经过简单的训练，就可以在无视觉辅助的情况下实现信息的发送和接收，准确率超过 90%。

2.3　常用软件

VR 系统开发软件种类繁多，有的支持 VR 应用系统不同组成模块的开发，有的支持特定领域 VR 应用系统的开发。其中，建模与渲染是 VR 系统最重要的两个环节。本节首先介绍常见建模软件与渲染软件，然后再介绍一些分布式开发平台和其他一些专业化开发工具。

2.3.1　建模软件

构建具有逼真感和交互性的 VR 系统，首先面临的就是建模。现有的虚拟现实建模软件主要集中在支持虚拟景物的几何建模和物理建模方面。前者又可分为面向动画制作与面向实时渲染的建模软件两类。

1. 面向动画制作的建模软件

面向动画制作的建模,也被称为 3D 几何造型设计,是 3D 动画制作软件的基本功能。动画制作中的建模一般包括基本几何形体渲染、复杂模型组合等。另外,可以利用现有一些公开的 3D 模型库来提高开发效率。

目前流行的 3D 动画制作软件主要是 Autodesk 公司的 Maya、Softimage 和 3ds Max。另外,Side Effects Software 公司的 Houdini 和 Newtek 公司的 Lightwave 3D 等软件也是业界较为熟知的工具。

图 2.7 和图 2.8 分别展示了 Maya 和 Houdini 的界面。Maya 和 Houdini 是高端 3D 动画制作软件,在影视制作行业有着广泛应用。

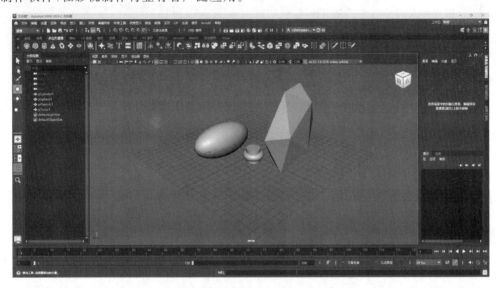

图 2.7　Maya 主界面

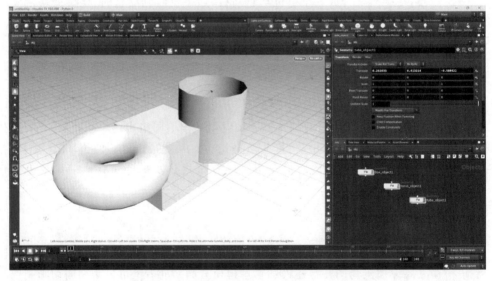

图 2.8　Houdini 主界面

图 2.9 展示了 3ds Max 的主界面。3ds Max 是应用于 PC 平台的 3D 动画软件,由于提供了开放接口,有许多第三方插件支持,可以方便地转换为其他模型格式,在游戏和工业领域应用广泛。

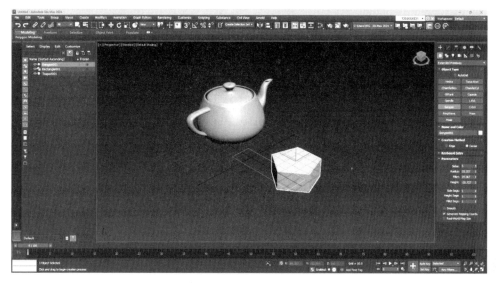

图 2.9　3ds Max 主界面

2. 面向实时渲染的建模软件

3D 模型的数据结构选取是否合适对实时渲染有重要影响。在面向实时渲染 3D 模型格式中,最有代表性的是 Multigen 的 OpenFlight 格式。该数据格式已成为视觉仿真领域公认的模型数据标准,大部分 VR 开发软件,如 VEGA、OpenGVS 等都支持这种格式。Multigen Creator 是美国 MultiGen-Paradigm 公司推出的一个交互式 3D 建模软件,使用它能够创建优化的 3D 模型,并具有多边形建模、NURBS 样条曲线建模、大规模地形精确生成等功能。图 2.10 展示了 Multigen Creator 的主界面。

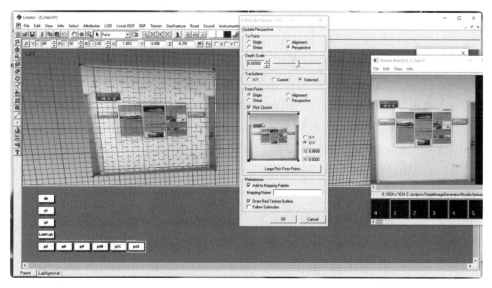

图 2.10　Multigen Creator 主界面

　　地形模型相比其他模型规模更大,手工建模工作量巨大。因此,出现了一系列专为地形制作开发的工具,如 Creator Terrain Studio、Terra Vista 等。

　　以 Terra Vista 为例,它具有点、线、面要素编辑器,开发者可以交互地对矢量特征数据进行编辑和修改;可以通过定制特征数据的属性信息,直接自动生成相应的特征,如道路、河流、森林和植被等,其主界面如图 2.11 所示。

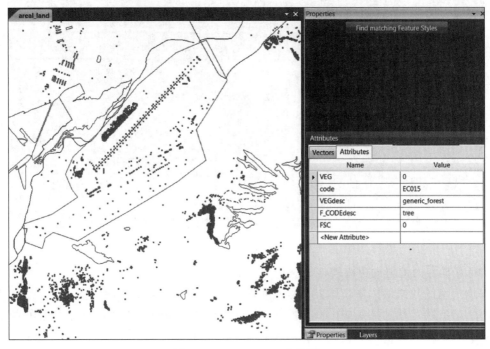

图 2.11　Terra Vista 主界面

　　为提高建模效率,出现了一些特定功能的辅助工具,如格式转换工具 PolyTrans、DeepExploration 等,可将面向动画制作的 3D 模型数据格式进行转换,适用于实时 VR 系统。另外,利用三维模型简化工具,如 Geomagic Decimate、Action3D Reducer、Rational Reducer等,可对较为复杂的面向动画制作的 3D 模型进行简化,以满足实时渲染的需要。

　　此外,还有一些面向深度图像的建模工具,如摄像采集装置和激光扫描仪附带的软件系统。这些软件系统专门处理通过相应设备采集到的深度图像,并生成几何模型。

　　图 2.12 展示了 Microsoft 公司的 Kinect 配套的 Kinect for Windows SDK 的界面。在该 SDK 中,专门集成了 KinectFusion 等算法,能够实现深度摄像机的标定、3D 点云建模、表面网格生成,以及骨架标定等功能。

3. Web 3D 标准与建模工具

　　最初的 Web 3D 标准是 VRML(Virtual Reality Modeling Language),它描述了 3D 景物的几何尺寸、形状、色彩、材质、光照等。但是由于标准过于庞大,VRML 处理效率低下,很多公司并没有完全遵循 VRML 标准,而是推出自己的制作工具,使用专用的文件格式和浏览器插件。

　　1998 年,VRML 组织改名为 Web 3D 联盟,同时制定了一个新标准 Extensible 3D(X3D)。X3D 整合了当时新近出现的 XML、Java 和流传输等技术,希望提高处理能力、渲

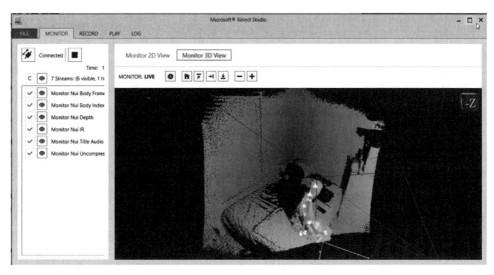

图 2.12　Kinect for Windows SDK 界面

染质量和传输速度。2004 年 8 月,X3D 规范被国际标准化组织批准为 ISO/IEC19775 国际标准。但到目前为止,X3D 标准仍未完全统一 Web 3D 格式,仍面临一些有力的竞争者,如由 Intel、Microsoft、Adobe、波音等公司联合组建的 3DIF(3D Industry Forum)支持的 U3D (Universal 3D)标准。在面向 Web 应用方面也有一些基于图像的建模工具,如 Canoma、Photo 3D、PhotoModeler、ImageModeler。

4. 物理引擎

虚拟环境和对象的逼真性取决于外观建模水平,也有赖于虚拟对象的物理建模,也就是物理引擎的实现。

物理引擎最早产生于仿真技术,如对飞机飞行姿态、导弹弹道等的仿真。由于物理计算的复杂性,相对于图形建模与渲染引擎而言,物理引擎的开发在很长一段时间内进展缓慢。近年来,由于 VR 应用的深入,对物理引擎的需求变得迫切起来,同时随着计算机硬件的不断发展,信息处理能力得到迅速增长,也为物理引擎的发展提供了条件。

物理引擎计算虚拟环境中物体运动、场景变化、物体与场景之间、物体与物体之间的交互作用和动力学特性效果。它通常以程序库的形式提供,其中包括若干功能模块,各模块为应用程序留出接口。物理引擎定义了一个高层的 API 集合,封装了底层的物理计算细节,使得开发人员可以专注于高层应用程序开发,大幅度缩短开发周期。

Havok Physics 是 Havok 公司开发的物理引擎,它基于刚体动力学,能模拟多关节刚体的约束和连接,还可让开发者指定对象的物理性质,如质量、密度、摩擦系数等。Havok Physics 引入连续碰撞检测技术,包含 Rag Doll 人体模型系统,可以表现车辆在虚拟环境中的各种动态效果,包括车辆间的相互碰撞和各种操作的模拟。Havok Physics 是目前广泛应用的物理引擎之一,但计算量较大,对 CPU 等硬件要求高。

为了解决物理运算计算量大的问题,美国 AGEIA 公司研制了专门的物理加速硬件。该公司在 2005 年提出物理运算处理器(Physics Processing Unit,PPU)的概念。PPU 是继 GPU 以后的又一次处理器功能专门化革新。在 2006 年 3 月举行的游戏开发者大会(Game Developer Conference,GDC)上,第一块物理加速卡正式发布,它就是 PhysX。在 PPU 的支持下，PhysX 每秒可处理 32 000～50 000 个刚体，效率有了大幅度提高。

目前物理引擎主要支持多关节刚体的运动，大多提供了丰富的关节类型以及精确的碰撞检测算法。对于可变性物体和柔性物体的支持较差，甚至完全不支持。

2.3.2 渲染软件

VR 应用中的渲染软件主要来源于计算机图形学。从计算机图形学发展的角度来看，基本可分为 3 层：最下层是基础 3D 图形渲染库，提供一系列图形渲染标准 API；中间层是 3D 图形引擎；最上层是可视化开发平台。

1. 基础 3D 图形渲染库

基础 3D 图形渲染库主要有 OpenGL、Direct3D、Java3D 等，它们直接操作图形硬件，提供了 3D 图形渲染的底层基础 API。

OpenGL 是一个开放的 3D 图形软件包，具有建模、变换、颜色模式设置、光照和材质设置、纹理映射、位图显示和图像增强、双缓存动画等功能。OpenGL 独立于操作系统，以它为基础开发的应用程序可以十分方便地在各种平台间移植。近年来，随着 Web 应用与移动应用对 3D 图形渲染的需求，在 OpenGL 的基础上又发展出 WebGL、OpenGL ES 等，后两者可被看作 OpenGL 提供的 API 的子集。

Direct3D 是 Microsoft 提供的基于 COM 接口标准的 3D 图形 API，具有良好的硬件兼容性，支持很多最新的计算机图形学技术成果。现在绝大多数具有 3D 图形加速的显卡都支持 Direct3D，但其接口较为复杂，且只能在 Windows 平台上使用。

Java3D API 是 Sun 公司定义的用来开发 3D 图形和 Web 3D 应用程序的编程接口。除了提供 OpenGL、Direct3D 定义的一部分底层渲染功能外，还提供了一些建造 3D 物体的高层构造函数。从所处层次看，Java3D 兼有基础 3D 图形渲染库和 3D 图形引擎的一些功能。

随着游戏、影视等行业的发展，对于图形加速、计算、视觉和深度学习产生了更高的需求，OpenGL 等老一代图形渲染库已经不能满足需要。Khronos Group 认为，下一代基础图形渲染库应当具有透明、精简、可移植和可扩展等特点。为此，Khronos Group 在 2015 年的 GDC 上发布了 Vulkan。Vulkan API 相对上一代 API 而言，在保留跨平台特性的基础上，优化了多核心 CPU 与并发计算，减少了数据在 CPU 与 GPU 上的传输开销，以及着色器语言预编译开销，使得应用程序加载速度更快。

2. 3D 图形引擎

3D 图形引擎提供面向实时 VR 应用的完整软件开发支持，负责底层 3D 图形渲染的数据组织和处理，发挥硬件的加速特性，为上层应用程序提供有效的图形渲染支持。图形引擎一般包括真实感渲染、3D 场景管理、声音管理、碰撞检测、地形匹配以及实时对象维护等功能，并提供与 3D 虚拟环境渲染相关的高层 API。

图形引擎有自己的 VR 应用程序框架，开发者基于这个框架和高层 API，可以方便地建立自己的应用程序。常见的 3D 绘制引擎有 OpenGL Performer、OpenGVS、Vega、OSG、VTree、VTK 等。

OpenGL Performer 是一个可扩展的实时 3D 图形开发软件包，在 OpenGL 图形库基础上构建，提供了一组标准 C/C++ 语言绑定的编程接口，通过一个灵活的 3D 图形工具集提供高性能的渲染能力。

OpenGVS 直接架构于 OpenGL 与 Direct3D 等 3D 图形 API 上,包含一组面向对象的 C++ API,封装了繁杂的底层图形驱动函数。这些 API 分为摄像机、通道、帧缓冲、烟雾、光源、对象、场景、特效、工具等各组资源,开发人员可以根据需要调用这些资源来驱动硬件实时产生所需的图形。

Vega 支持多种 3D 模型,提供了许多可选模块,支持导航、照明、动画、人物、大规模地形、CAD 数据输入和 DIS/HLA 分布式应用等需求。

OpenSceneGraph(OSG)是一个基于 OpenGL 的开源 3D 图形开发库,提供了一套 C++ API,具有较完整的 3D 图形开发功能,通过状态转化、绘图管道和自定制等操作,还可以进行渲染性能优化。OSG 主要包括场景图形核心、Producer 库、OpenThread 库以及用户插件等 4 部分。

VTree 是一个面向对象的 3D 图形开发库,包括一系列 C++类和有关函数。VTree 生成并连接不同节点到一个附属于景物实体的可视化树结构,该树结构定义了对实体进行渲染和处理的方法。

VTK 是一个开源库,主要用于 3D 渲染、图像处理与科学计算可视化。VTK 基于面向对象思想,提供一系列 C++ API。VTK 也是基于 OpenGL API 实现的。

3. 可视化开发平台

近年来,出现了一些 VR 可视化开发平台。在这些开发平台的支持下,可以通过图形用户界面,GUI 配置和编辑实现大部分常规功能的 VR 应用系统,有效降低了开发的技术门槛和要求。但是由于软件层次较高,这类开发平台开发的 VR 系统运行效率不高,一般用于建立系统原型或对实时性要求不高的场合。

早期流行的可视化开发平台有法国达索公司的 Virtools Dev、EON 公司的 EON Studio、Act3D 公司的 Quest3D 等。Virtools Dev 由开发环境程序、行为引擎、渲染引擎、Web 播放器、SDK 组成。摄像机、灯光、曲线、接口元件等都能简单地通过单击图标创建。Virtools 的行为引擎还提供了许多可重用的行为模块。同时,还提供了 VSL 语言,通过 SDK 进行开发,作为图形编辑器的补充。

图形开发与渲染工具一般都比较昂贵,其中较先进的算法往往需要支付高额的许可使用费。为了打破国外在图形渲染技术上的垄断,北京航空航天大学研发了具有自主知识产权的实时 3D 图形平台 BHGRAPH。BHGRAPH 由 3D 视景渲染引擎、3D 对象建模工具、三维场景布置工具等构成。其中,3D 视景渲染引擎是一个完整的面向实时仿真应用系统的软件开发包,包括真实感图形显示、3D 场景管理、地形匹配、对象交互以及实时对象维护等多项功能,提供了一套面向对象的高层 3D 图形渲染开发库,包括 API 和实时场景管理运行库两部分,能够处理 OpenFlight、3DS 等通用格式的几何模型。

近年来,一些游戏公司开发的游戏开发编辑器,也具备类似可视化开发平台的特征,其中代表性的游戏开发编辑器有 Unity 3D、Unreal 等。

Unity3D 由丹麦 Unity Technologies 公司开发,是一款让玩家轻松创建如 3D 电子游戏、建筑可视化、实时 3D 动画等互动内容的多平台、综合型的游戏开发工具,也是一个全面整合的专业游戏引擎。作为一款跨平台的游戏开发工具,它从一开始就被设计成易于使用的产品,支持 iOS、Android、PC、Web、PS3、Xbox 等多个平台。同时,作为一个完全集成的专业级应用,Unity 还包含了价值数百万美元的功能强大的游戏引擎。具体的特性包含整合的编辑器、跨平台发布、地形编辑、着色器、脚本、网络、物理、版本控制等,是当前最流行的游戏开发平台。

虚幻引擎(Unreal Engine,UE)是由 Epic Games 公司开发的一款 3D 引擎,采用了实时光迹追踪、HDR 光照技术、虚拟位移等技术,并且支持物理与破坏、体积光、卷积混响和环境立体声渲染等技术。目前,虚幻引擎已经更新到 Unreal 5 版本。

除了 Unity 3D 和 UE 外,尚有 CryEngine、Cocos3D 等游戏引擎。这些引擎或提供专门的 VR 模式,或提供对 VR 系统硬件 API 的支持,均实现了对 VR 应用开发的支持。

2.3.3　分布式开发工具

现有分布式 VR 支撑工具主要有虚拟环境服务器和分布式开发平台两种。采用虚拟环境服务器建立的分布式 VR 应用系统具有很强的模块耦合性,VR 服务器和客户端的代码需要作为一个系统的两部分进行开发。一些集成度较高的可视化开发平台,如 Virtools 等,都具有单独的虚拟环境服务器模块。分布式 VR 开发平台则是将分布式 VR 应用系统中与分布有关的内容,以及所需要的支持服务提取出来,构建独立的开发工具。

IEEE 于 1993 年通过的 IEEE 1278-DIS(Distributed Interactive Simulation,分布式交互仿真)标准推动了分布式 VR 应用系统的发展。2000 年,IEEE 又通过 IEEE P1516 HLA(High Level Architecture)标准。HLA 旨在建立一个通用的高层仿真体系结构,达到各种模型和仿真的互操作和可重用,包括规则、接口规范、对象模型模板等。HLA 的主体运行平台软件(Run-Time Infrastructure,RTI)提供了 HLA 接口规范定义的 6 类服务,包括联盟管理、声明管理、对象管理、时间管理、所有权管理和数据分发管理。

目前国际上有影响力的 RTI 主要有美国的 DMSO RTI、MAK-RTI 和瑞典的 pRTI 等。我国的一些研究机构也开展了 RTI 方面的研究开发工作,具有代表性的有国防科技大学的 KD-RTI、YH-RTI、中国航天科工集团第二研究院的 SSS-RTI、北京航空航天大学虚拟现实技术与系统全国重点实验室的 BH-RTI 和自动化学院的 AST-RTI 等。

2.3.4　其他专业化工具

在 VR 发展的过程中,针对一些重要应用领域,需要相应的专业化开发标准和开发工具。这些专业化开发工具数据来源和类型明确,具有专业知识支持,与 3D 建模与渲染软件等交叉,共同解决具体应用问题。

例如,在机械设计领域,一些专业化软件,如机械系统动力学自动分析软件(Automatic Dynamic Analysis of Mechanical Systems,ADAMS)、CAD/CAE/CAM 领域的几何模型设计软件 CATIA(Computer Aided Tri-dimensional Interface Application)、工业用有限元分析软件 ANSYS、计算流体力学仿真软件 Pointwise 等。ADAMS 使用交互式图形环境和零件库、约束库,完全参数化的机械系统几何模型,对虚拟机械系统进行静力学、运动学和动力学分析,输出位移、速度、加速度和反作用力曲线。CATIA 源于航空航天领域,在制造业具有重要地位,波音公司使用 CATIA 完成波音 777 的虚拟装配,成为一个典型成功应用范例。虚拟仪表在 VR 应用中有重要需求,如飞机座舱中各种仪表盘的显示、汽车仪表盘、通信产品的显示屏幕等。虚拟仪表的专用开发工具有 GLStudio、GMS 等。

虚拟人的仿真也有一些专业化的软件开发包,如 DI-GUY。DI-GUY 采集了真实士兵训练的特征数据,具有士兵的7级LOD细节的全纹理模型、多种制服、武器和附属装备,可定义包括站、跪、匍匐前进等行为。

2.4 习题

1. 安装Unity,了解其主要功能。
2. 了解HTC Vive、Microsoft Hololens的主要特点。
3. 了解ARKits、ARCore的主要功能。

第 3 章

虚拟现实建模及相关技术

构建虚拟现实的目的是在虚拟的数字空间中模拟真实世界中的物体,这就需要利用建模技术将真实物体转换为逼真的虚拟对象,虚拟对象与真实物体的相似程度也与建模技术紧密相关。与计算机图形学中的建模概念略有不同,虚拟现实建模是指利用数字图像处理、计算机图形学、多媒体技术、传感与测量技术、仿真与人工智能等多个学科的技术,建立逼真的、可交互的、包含多属性的虚拟对象或场景。虚拟现实建模的核心内容主要包括几何、物理和行为三方面的建模。本章首先总体介绍虚拟现实建模的有关概念,然后围绕几何建模与物理建模,给出具体的案例。

3.1 虚拟现实建模的有关概念

3.1.1 虚拟现实建模的基本内容

1. 几何建模

几何建模主要用于构建虚拟对象的形状、外观与结构等几何属性,得到虚拟对象的几何模型。常见的几何模型数据表现形式有点云(Point Cloud)、网格(Mesh)、体素(Voxel)。其中,点云是三维空间中数据点的集合,适用于描述虚拟对象或虚拟场景的几何外形,其中每个数据点都存储着三维空间的坐标;网格则是根据顶点、边和面的拓扑关系对虚拟对象进行编码获得的一种结构,常见的有完全由三角形面片组成的三角形网格和完全由四边形面片组成的结构网格等;体素是"体积像素"的简称,虚拟对象连续的几何外观被转换为一组最接近虚拟对象的离散晶格,每个体素就是这样的一个晶格,代表三维空间中均匀间隔的样本。

常见的几何建模技术有多边形建模、扫描建模、基于图像的建模等。其中,多边形建模是指利用多边形构造虚拟对象;扫描建模则是指使用三维扫描设备直接获取真实场景的信息,再利用三维重建算法等将构造的虚拟对象或场景存储为点云或体素;基于图像的建模则是指利用摄像机采集的离散图像或连续视频生成全景图像,再通过合适的算法把多幅全景图像组织为虚拟场景。

虚拟现实几何建模的主要任务包含形状建模、外观建模和结构建模,下面分别予以简要说明。

1) 形状建模

要描述虚拟对象的形状,最基本的任务是利用点、线、面等基本几何元素表征虚拟对象的外边界。目前最常用的形状建模方式可分为显式表示与隐式表示两种。其中,显式表示是指使用点云、网格、体素等结构去表征虚拟对象外边界的位置与拓扑结构信息;隐式表示则是指使用曲线与曲面的参数方程、距离场(Distance Field)、等值集(Level Set)等方法描述虚拟对象的外边界。

2) 外观建模

虚拟对象的外观是指虚拟对象独有的质地特征,如表面反射率、纹理等影响虚拟对象真实感的特征。如果不考虑存储和计算的开销,通过增加虚拟对象形状多边形的方法可以刻画出十分逼真的表面,但由于虚拟现实对计算和显示实时性要求高,实际应用中普遍采用纹理映射(Texture Mapping)等技术刻画虚拟对象的外观。采用纹理映射技术,一方面可增加细节层次以及虚拟对象的真实感,另一方面可以减少多边形的数量,从而在不影响实时性的同时,增强虚拟对象和场景的真实效果。

3) 结构建模

除了要模拟虚拟对象的形状和外观,很多时候还需描述虚拟对象的空间结构信息,以体现虚拟对象内部结构或虚拟对象之间的空间关系。以虚拟人体为例,可使用骨架结构表示各关节间的关系,并应用于人体动画、人体运动分析、不同人体的匹配等。对复杂的工业装备来说,可建立各组成部分(亦称部件)的结构关系,从而对不同部分进行控制,以满足虚拟装配、虚拟维护等要求。

2. 物理建模

除了上述几何属性外,虚拟现实建模还需表征虚拟对象的物理属性或物理过程,如重力、摩擦力、表面硬度、柔软度和变形等。这些物理属性与几何属性的建模结果相互融合,从而可以形成更具真实感的虚拟对象或环境。例如,当用户穿戴具备力反馈的手套抓握虚拟球时,如果虚拟球包含物理属性,那么用户除了能控制和观察自身的手指对球的抓握之外,还能逼真地感受到虚拟球的重量、硬软程度等物理信息。

物理建模(Physically-based Modeling,PBM)是虚拟现实中较高层次的建模方式,通过有机地融入物理模型,从而将虚拟对象的物理属性得以体现。近年来,除了静态的物理属性,越来越多物理学中的动态过程,如人体运动解算、流体计算、燃烧计算等,都逐渐与虚拟现实相结合,在虚拟环境中实现了对于面部表情、织物,乃至爆炸等物质与现象的模拟。

物理建模所涉及的范围非常广泛,根据虚拟对象的不同种类,存在不同的建模方法。例如,对于人和动物等有机生物,可通过多关节刚体模型,实现人的行走与面部表情变化、鸟飞鱼游等;对于布料、弹簧等带有弹力阻尼特征的柔性体,可通过弹簧质点模型来重建其运动变化;对于烟雾、火焰等流体,可通过粒子模型来实现其演化过程。一般而言,根据虚拟对象的物理性质,可大致分为刚体建模、柔性体建模与流体建模。

1) 刚体建模

刚体建模适用于仅需考虑位置与方向的改变,而不考虑形变的虚拟对象,其涉及的内容主要包括刚体的运动、碰撞检测以及连接和约束等问题。

仅包含一个部件的刚体运动较为简单,可以采用牛顿第二运动定律等力学知识来解决。对于包含多个部件的刚体,如人体、手等,解决方法则相对较为复杂。以人体运动为例,可以采用关键帧方法、运动学方法和动力学方法等多种手段,后两者分别使用运动学和动力学方法建立有关人体运动的物理模型。与运动学方法相比,动力学方法需指定的参数较少,而且对复杂运动过程的模拟更为逼真,但计算量较大,在运动控制的难度较大。在动力学方法中,解决运动控制问题的策略主要有两类:预处理策略,即首先将所需的约束和控制转换成适当的力和力矩,然后引入动力学方程;基于约束方程的策略,即将约束以方程形式给出,对约束方程个数与未知数相等的情况,采用一般的系数矩阵法快速求解,但对欠约束的情况,约束求解较为复杂。

刚体的碰撞检测主要针对刚体运动中的碰撞进行分析。为了加速计算,一般采用树结构对虚拟环境中的虚拟对象进行组织,通过空间剖分法或层次包围盒法建立树结构。空间剖分法的策略有均匀剖分、BSP 树、KD 树和八叉树等;层次包围盒法利用形状简单的包围盒将复杂的虚拟对象包裹起来,然后逐步进行碰撞检测的一种方法。包围盒的结构有层次包围球树、AABB(Axis-aligned Bounding Box)层次树、OBB(Oriented Bounding Box)层次树等。空间剖分法适用于分布比较稀疏均匀的几何对象间的碰撞检测,层次包围盒法则适用于复杂环境中的碰撞检测。

对于铰链类型的虚拟对象(如门窗、转动的机械臂)在多个约束情况下的关联运动问题,属于连接和约束建模的范畴。关联运动一般可分为前向关联运动和反向关联运动。对于前向关联运动,一般要在给定关联运动中每个关节的角度和长度的情况下,去求解关节末端所能到达的位置;反向关联运动则是在给定某个位置的条件下去确定已知关节模型的可达性。

2) 柔性体建模

柔性体不同于刚体,在外力的作用下会产生形变,因此建模难度更大。柔性体建模主要关注的是动力学模型及其迭代求解方法。

柔性体建模中常用的动力学模型有连续体模型、弹簧质点模型等。其中,连续体模型使用本构模型描述不同材料的物理特性,如弹力、阻尼力等,再使用有限元方法模拟不同形变下的力或能量。此外,为得到更加理想的模拟效果,还可使用力传感器与视觉传感器等设备去采集实际材料的力与形变的关系信息,更加准确地描述虚拟对象的静态与动态特性。连续体模型主要用于虚拟现实中对于布料、毛发、松软组织、人体器官、肌肉、面部表情的模拟。

弹簧质点模型将柔性体表面视为离散的质并与连接质点的弹簧组成的规则网格结构。质点间通过弹簧相连,受到弹簧弹力和阻尼力,遵循胡克定律,即当实际长度大于松弛长度时,弹簧将对两端的质点产生拉力;反之,在外力作用下变形后,弹簧会产生倾向恢复原样(松弛状态)的张力。根据不同连接方式与功能,又可将该模型中的弹簧分为结构弹簧、剪切弹簧与弯曲弹簧等,分别用以描述柔性体的拉伸、剪切与弯曲功能。弹簧质点模型主要使用显式积分法逐帧地计算下一帧的加速度、速度与位移等,从而实现形变的演进。弹簧质点模型主要用于布料、人体软组织等对象的建模。与连续体模型相比,弹簧质点模型计算复杂度较低,但在稳定性、触觉和视觉表现上稍有不及。

3) 流体建模

流体建模主要使用一些计算流体力学模型,如使用纳维-斯托克斯(Navier-Stokes,N-S)方程对流体的运动进行建模。N-S 方程常见的迭代求解方法有基于网格的方法和无网格的方法。基于网格的方法主要使用拉格朗日网格或欧拉网格模拟流体在固定网格单元上的运动,是目前流体模拟的主要方法。但是,基于网格的方法容易产生网格畸变导致计算误差过大。此外,该方法难以模拟大形变现象,如动态裂纹扩展、流固耦合等。无网格的方法通过使用一系列任意分布的节点(或粒子)来求解具有各种边界条件的 N-S 方程,节点或粒子之间不需要网格进行连接,因此不仅可以保证计算的精度,还可以降低计算的难度。光滑粒子流体动力学(Smoothed-Particle Hydrodynamics,SPH)就是一种有代表性的无网格方法。在虚拟现实中,计算流体力学模型可用来对烟雾、燃烧、流水,以及云雨雾雪等自然现象进行建模。

3. 行为建模

虚拟现实中的行为建模主要研究虚拟环境中自治对象建模方法,如游戏中由计算机控制的角色,元宇宙中由人工智能生成的智能体等。在早期工作中,行为建模的研究集中在军事仿真领域,如 ModSAF、STOW、WARSIM 2000 等分布式虚拟战场环境中由计算机生成的兵力。随着虚拟现实研究与应用的发展,行为建模已拓展到公共安全、教育、文化娱乐等众多领域,如应急仿真规划系统(Emergency Simulation Program,ESP)等。近年来,随着数字孪生和元宇宙等概念的兴起,各类虚拟现实应用对自治对象行为的智能水平提出了越来越高的要求。这一领域属于与人工智能的交叉研究范畴,与生成式人工智能(Artificial Intelligence Generated Content,AIGC)及其应用都有密切的关联,虽然进展缓慢,但却是未来虚拟现实发展的重要关注点。

根据自治对象的类型,可以将行为建模分为个体建模与群体建模两类。其中,群体对象又包括聚合类对象和自治对象组织两类。个体对象是仅包含单一个体的自治对象。这类对象行为建模的内容一般包括建立目标任务的概念模型、体系结构、行为规则、所需条件等。聚合类对象包括多个个体,但可以使用多种解析度来表示。例如,既可以将其当作整体单一的对象,也可将其看作多个个体。根据具体的事件对群体的影响,可以采用不同的解析度。例如,在考查高温对人群行为的影响时,可以将人群看作一个整体来建模;但在考查火灾对人群行为的影响时,需要采用高解析度来建模不同的个体。聚合类对象行为建模主要内容包括计算模型、多解析度表现方法,以及聚合、解聚规则等。

自治对象组织的行为建模更加复杂。自治对象组织是若干独立存在个体的组织,其中每个个体进行自主决策,同时服从组织的控制。因此,自治对象的行为表现为个体行为和整体组织行为两个层面,不同层面对行为建模的要求不同。在个体方面,为支持个体与其他自治个体间的协调与交互控制,需要对社会行为的相关概念进行建模,并对组织内部行为进行分层,以支持个体行为和社会行为;在整体组织方面,需要对交互协议、社会规范等问题进行建模。

目前常用的行为建模方法主要包含基于有限状态自动机的建模方法、面向专家系统的建模方法、基于 Agent 的建模方法等。自治对象的简单反应性行为可以采用有限状态自动机进行建模。其中,自治对象每种可能的反应动作被表示为一个状态,发生的事件控制状态间的转换。采用有限状态自动机是军事仿真中常用的行为建模方法。面向专家系统的建模方法将自治对象看成一个近似的专家系统,将其行为建模看作知识的获取、表示和推理系统建立的过程,比较适合个体和群体的建模。对于确定性知识,采用基于逻辑、规则、框架的表示,以及相应的推理系统;对于不确定性知识,可采用模糊逻辑、神经网络、基于范例的推理和贝叶斯方法等。此外,还可使用强化学习等方法以提高自治对象的求解复杂问题的能力。基于 Agent 的建模方法将人工智能中关于 Agent 的研究引入虚拟现实中,适用于个体和群体的行为建模。相较上述方法,基于 Agent 的建模方法一方面能够描述个体对象的自主性、自治性和智能性等特征,如建模个体对象的信念、意图、愿望等;另一方面,Agent 之间的通信、协商、协作等可以描述自治对象组织的协作特性。目前,基于 Agent 的行为建模已得到越来越多的应用。

3.1.2 虚拟现实建模的特点

虚拟现实强调沉浸感、逼真性,既要求有较高的真实感,强调自然的交互方式,又要满足建立在实时性基础上的交互性要求。换言之,虚拟现实要求在具有高真实感的环境中,产生沉浸感,并且可以满足实时性和交互性的要求。与传统计算机辅助设计和计算机动画不同,虚拟现实建模具有以下特点。

(1) 由于要实时操控和处理虚拟对象,建模方法与传统计算机辅助设计中以几何造型为主的建模有所不同。例如,在计算机辅助设计中,往往通过增加模型的几何复杂度来提高建模的准确度。但在虚拟现实中,更倾向于使用纹理、层次细节等技术来提升虚拟对象的逼真度。

(2) 虚拟现实建模的内容相较于传统计算机图形学中的建模更为丰富,除了对虚拟对象的外形、表观、结构等信息进行表征外,还对虚拟对象的物理属性、行为属性等进行建模,从而为用户提供具有沉浸感的交互体验。

虚拟现实建模与其他建模技术的主要区别如表 3.1 所示。

表 3.1 虚拟现实建模与其他建模技术的主要区别

差异	虚拟现实建模	计算机辅助设计建模	计算机图形学建模
特点	在综合考虑真实感、实时性和交互性的前提下,侧重交互性和实现意图;模型细节较少,实时性较高	侧重准确性,较少考虑实时性和交互性;模型细节较多,通常以牺牲实时性来获得较高的精度	侧重真实感的表达,较少考虑实时性和交互性;模型细节较多,渲染效果可以预先计算
用户	能够身临其境地与虚拟环境进行交互,无时限限制,可真实详尽地探索虚拟环境	能够交互,但不考虑沉浸感	能够交互,但同样较少考虑沉浸感
应用	主要用于需要对用户输入做出反应的仿真领域,如飞行训练、游戏和视景仿真等	主要用于工业制造与仿真计算领域,如机械零件设计、芯片电路仿真等	主要用于影视、流媒体、电子游戏等领域,以预先设计好的演示为主

可以看出,虚拟现实建模在确保实时性交互的基础上,极力提高整个虚拟环境的真实感,力图实现真实感与实时性的平衡。

3.1.3 虚拟现实建模评价指标

虚拟对象建模的质量将直接影响整个虚拟现实系统,因此需要了解虚拟现实建模的主要技术指标。常见的虚拟现实建模的评价指标主要包括以下几条。

(1) 真实感。真实感是度量用户对虚拟对象感知精确度的指标,包括但不限于视觉真实感、触觉真实感等。

(2) 实时性。虚拟现实应用要求虚拟对象或场景的显示帧率不低于某一阈值,否则会影响用户的视觉感知质量。

（3）交互延迟。虚拟现实应用对交互延迟有较高的要求。响应时间太长会大大影响用户的体验。

（4）易用性。虚拟现实应用强调用户的交互，因此所构建的虚拟对象在几何、物理以及行为等方面要尽可能易于交互，贴近真实场景中的表现。

本章的后续内容将重点围绕虚拟现实建模中的几何建模与物理建模，结合实际应用需求，介绍几个实例。

3.2 几何建模实例——点云简化

3.2.1 背景知识

如 3.1.1 节所述，目前常用的虚拟对象的几何模型数据表现形式有点云、网格和体素。其中，网格，尤其是三角形网格，具有强大的表面表达能力，而且 GPU 现在已普遍支持对三角形面片的几何处理。然而，三角形网格需要保存拓扑关系，在计算时需要维持拓扑一致性，因此在诸如变形等需要保持拓扑一致性的任务中计算复杂度较高，且具有一定的条件限制。随着三维扫描设备的快速发展，点云逐渐成为计算机图形学的一个研究热点。下面首先介绍点云的特点以及点云简化的概念。

1. 点云的特点

与传统的网格相比，点云无拓扑结构，数据简单灵活。直接对点云进行处理具有如下优点。

（1）3D 扫描仪通常能够输出大规模点云数据，如果可以直接对点云进行建模与渲染，可以避免网格建模带来的不精确性和人工开销。

（2）由于不需要考虑拓扑一致性，点的添加和删除非常高效，因此点云适用于处理动态变化的物体。此外，在计算过程中不需要维护拓扑结构，从而简化了程序的数据结构，节约了存储空间。

（3）当虚拟对象的几何复杂度和精度提升时，基于点的渲染方法效率要高于基于三角形面片的渲染方法。假设某一网格包含的三角形面片的数量已经超过了屏幕上像素的数量。此时，将一个三角形投影到屏幕上的区域已经小于一个像素点，这将导致逐个渲染每个三角形失去意义，从而降低三角形光栅化的效率。基于点的渲染方法可以避免无效的光栅化。因此，点云更适合表征复杂的、高精度的虚拟对象。

（4）随着虚拟对象几何外形的复杂化，基于层次细节（Level of Detail，LOD）的表示变得十分重要。例如，在靠近视点时需要表征更多几何外形的细节，在远离视点时则可以适当简化一些细节。当构建虚拟对象的 LOD 时，由于点云不需要任何拓扑信息，也不需要存储和保持全局的拓扑一致性，使得层次构建更加简单。

2. 点云简化的概念

点云的质量取决于采样密度，然而较大的采样密度往往导致虚拟对象的几何复杂度剧烈上升，不利于存储与处理。特别对于存储与计算资源有限的设备，如移动终端，大规模点云往往导致较高的交互延迟，降低了用户的视觉体验。因此，需要利用简化技术对点云进行优化。

目前针对点云的简化方法基本是衍生自网格的简化方法，如迭代法、聚类法以及粒子仿真法等。其中,迭代法是指不断地从点云中去掉按某种标准计算的贡献值或误差值最小的点,直到误差值或贡献值达到阈值为止,从而得到一个简化子集结果。该方法类似于渐近网格的简化方法。这类方法较为简单高效,但是不能保证全局采样点的均匀分布。聚类法是指把输入点集按照一定规则进行聚类,划分成一些小的子集,这些小的子集不能超过给定的上限范围,如直径的大小、法向锥角的变化等。如果采用基于采样点层次结构的聚类简化方法,该方法会通过空间二分法将点集递归地进行划分聚类。也可通过主成分分析找到关键点,然后进行聚类,从而得到保持几何特征的简化结果。这类方法简单且快速,但是误差较大,而且没有优化策略,所以结果通常会包含很多多余的点。粒子仿真法是指通过在点上施加斥力使点的分布均匀化的方法。该方法首先在表面随机分布需要的粒子数,然后通过点的斥力移动粒子的位置直到达到平衡。该类方法能较好地控制采样密度,但是由于收敛速度较慢,处理大规模数据时效率较低。

上述三类简化方法存在的缺点在于,它们将点云中的点看成单纯几何意义上的点,且不能预先指定逼近误差,因此简化效果往往不能准确表示虚拟对象的结构,也难以收敛。基于此,业界提出了基于渲染图元的简化方法。这类方法在简化过程中考虑到点云的渲染图元的几何空间影响,并能用预先指定的全局误差进行控制,从而能够得出较好的简化效果。以常见的点的渲染图元 splat 为例,首先在指定全局误差下,生成每个采样点的最大 splat,然后采用贪心算法选择能覆盖整个表面的最小子集,最后通过全局优化算法使所有的 splat 均匀分布。基于渲染图元的方法相较上述三类方法能够取到较好的简化结果,但是计算复杂,时间开销较大。

下面具体介绍一种基于 splat 的点云简化算法,该方法将移动最小二乘法(Moving Least Squares,MLS)与基于 splat 的点云简化方法相结合,利用 MLS 优化 splat 最小子集的选择,进一步提升了点云简化的效率。

3.2.2 基于 MLS 和 splat 的点云简化算法

点云简化的目的是在指定的最大误差范围内得到最小的点集。因此,如何计算误差是非常重要的。如 3.2.1 节所述,基于 splat 的方法以 splat(具有方向的圆形表面或椭圆表面,颜色值从中心向周围逐渐减少)作为渲染图元。此时,在计算简化前后的点云误差时,直接使用原始点云采样后的点的子集,或使用 splat 邻域范围内的中心位置的点组成的子集,与简化后的点云进行比较,难以准确反映点云简化的质量。

基于 MLS 和 splat 的点云简化方法的核心思想是使用 MLS 投影算子计算 splat 的中心点,使得 splat 与其覆盖范围内的原始点云采样的点的子集之间的误差和最小。由此得到一个代表邻域的误差最小的 splat。通过上述方法获得的所有 splat 的中心点的集合,就是一个简化后的点云。

整个算法包括两个步骤。首先,为每个原始点云的采样点创建对应的 splat 集。包括对每个点计算其 MLS 投影点作为 splat 的中心点,根据结果计算每个对应的 splat 在误差范围内的最大覆盖面积。其次,通过贪心算法选择一组能够覆盖整个模型且数量最小的 splat 集合。选择标准是循环选取覆盖点数增值最大的 splat,直到选择的 splat 集合能够覆盖所有输入采样点集。算法流程如图 3.1 所示。

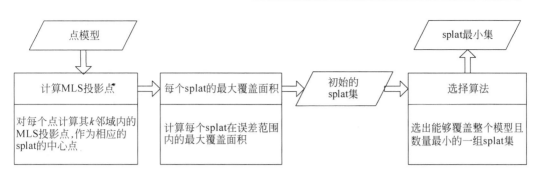

图 3.1　基于 MLS 和 splat 的点云简化算法流程

1. 算法实现

1）创建 splat 集合

（1）MLS 投影计算 splat 中心点。

MLS 是根据邻域点进行局部多项式逼近的方法，MLS 投影表示将点投影到 MLS 逼近的表面上。对输入点进行 MLS 投影，可以得到代表邻域的误差最小的点，将其作为 splat 中心点，可以得到误差最小的代表邻域的 splat 面，从而得到分布更加合理的 splat 集。

假设待求点 x 的邻域点集为 $\{p_i \mid i = 1, 2, \cdots, k\}$，可使用下列公式来迭代评估投影位置：

$$p(x) = \frac{\sum\limits_{i=1}^{k} \theta(\parallel p_i - x \parallel) p_i}{\sum\limits_{i=1}^{k} \theta(\parallel p_i - x \parallel)} \tag{3.1}$$

其中，权值函数 θ 使用高斯函数，如下所示：

$$\theta(d) = \mathrm{e}^{-\frac{d^2}{\mathrm{para}^2}} \tag{3.2}$$

其中，para 表示高斯参数，是一个固定值，在后续实验中，para 参数设为 0.3。

接下来，使用协方差分析来评估法线，其原理主要基于主成分分析。首先根据待求点 x 及其邻域点计算其协方差矩阵 C，公式如下所示：

$$C = \begin{bmatrix} (p_1 - P(x))\theta(\parallel p_1 - P(x) \parallel) \\ \vdots \\ (p_k - P(x))\theta(\parallel p_k - P(x) \parallel) \end{bmatrix}^{\mathrm{T}} \begin{bmatrix} (p_1 - P(x))\theta(\parallel p_1 - P(x) \parallel) \\ \vdots \\ (p_k - P(x))\theta(\parallel p_k - P(x) \parallel) \end{bmatrix} \tag{3.3}$$

协方差矩阵表示了点邻域内采样点的分布情况，对其进行特征值分析可以评估其局部表面的属性。最小特征值 λ_0 对应的特征向量 v_0 可被认为逼近曲面的方向。不同于传统的协方差矩阵，这里考虑与距离相关的权值函数 θ 的影响，即在协方差矩阵中考虑了 splat 从中心到边缘随着距离的增加影响逐渐降低的效果。

（2）splat 覆盖区域。

获得 splat 的法线和中心点之后，需要知道每个 splat 的覆盖面积，这取决于预先指定的全局最大误差阈值 ϵ。如果用 splat 来代表其覆盖的邻域范围，则邻域点中某点 p_i 的误差即点 p_i 到 splat 在法线方向上的距离可以用下列公式求解：

$$\epsilon_i = |\langle (p_i - c), n \rangle| \tag{3.4}$$

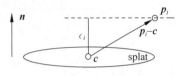

图 3.2　点 p_i 与 splat 之间的关系

图 3.2 展示了点 p_i 与 splat 之间的关系。

ϵ_i 表示 p_i 到 splat 在法线方向上的距离,即最终的误差值,c 表示 splat 的中心点,n 表示 splat 的法线,p_i 是邻域点。

从近到远遍历 splat 中心点的邻域点,用上述方法计算每个邻域点的误差,如果小于全局最大误差阈值 ϵ,则将其放入该 splat 的覆盖范围并继续遍历,否则停止。最后得到在全局最大误差阈值 ϵ 范围内的每个 splat 的覆盖范围。

在该算法中,需要预先知道邻域关系。这里通过对输入点构建一个 KD 树来获取点模型之间的邻域关系。算法如果遍历到 splat 中心点的最后一个邻域点时,其误差仍然小于阈值,则需要扩大邻域范围来继续遍历计算,直到达到或超过阈值。

2）splat 最小集选择算法

选择算法的目的是获取能覆盖整个表面的 splat 最小集。具体地,通过贪心算法不断地选取覆盖点数增值最大的 splat,直到选择的 splat 子集能够覆盖所有的输入采样点。

图 3.3 展示了 splat 最小集选择算法的具体更新过程。

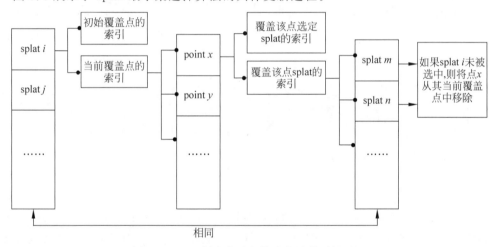

图 3.3　splat 最小集选择算法的具体更新过程

首先,在初始 splat 集中选出一个覆盖点数最多的 splat,加入已选 splat 队列,然后更新未选 splat 的参数,包括当前覆盖的点数,如图 3.3 所示,当 splat i 被选取时,需要找到所有与 splat i 交叉的未选 splat,然后从这些 splat 的当前覆盖点集中删除 splat i 覆盖的点。

接下来,选择覆盖点数增加最多的 splat,即在未选 splat 队列中选择一个当前覆盖点数最多的 splat 加入已选 splat 队列。然后依照同样的方法更新未选 splat 的参数。

重复上述选择过程,直到选择的 splat 集覆盖了所有的采样点。需要注意的是,由于在更新过程中不断地删除未选的 splat 所覆盖的点,因此会出现有些 splat 覆盖的点集为空的情况。这时直接将该 splat 从未选 splat 队列中移除,减少冗余的遍历,进一步提升计算效率。

2. 实验结果

下面展示算法的结果。实验平台是配置为 Pentium4 3.0GHz CPU 与 1GB 内存的机器。

首先,使用少量的点验证 MLS 投影的效果,实验结果如图 3.4 所示。其中,绿色点表示点 r(圆点)的最近 20 个邻域点,P_r(方点)是点 r 的 MLS 投影点。

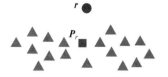

图 3.4 MLS 投影

从图 3.4 可以看出,MLS 投影点 P_r 比点 r 更适合用来代表 r 的邻域。

接着,在不同几何复杂度的点云上进行了简化实验,结果如表 3.2 所示。可以看出,算法可以有效地简化模型,且计算时间较短。

表 3.2 在不同点模型上使用不同的误差阈值 ϵ 进行简化

模 型	输 入 点 数	ϵ	简化后的点数	简化时间(s)
bunny	35 945	0.2	477	18
		0.1	864	13
		0.05	1559	11
		0.02	3150	10
		0.01	4616	6
santa	75 781	0.1	638	76
		0.02	2525	40
horse	100 000	0.1	890	111
		0.05	1695	74
		0.02	3459	49
		0.01	5406	43
igea	134 345	0.05	1082	329
		0.02	2950	122
		0.01	5494	136
armadillo	172 974	0.2	9737	215
		0.1	16 729	223
		0.05	25 764	229
dragon	437 645	0.01	22 576	831

图 3.5 展示了简化后的点云的渲染结果。其中,图 3.5(a)至图 3.5(d)展示的是原始虚拟对象,图 3.5(e)至图 3.5(h)展示的是使用算法简化后的虚拟对象。可以看出,经过算法简化的点云在点数减少的同时能够保持原始虚拟对象的几何特性。

与此同时,使用点数规模更大的点云进行了实验,结果如图 3.6 所示。

其中,图 3.6(a)和图 3.6(b)是 armadillo 模型,图 3.6(c)和图 3.6(d)是 dragon 模型。可以看出,算法对于大规模点云同样具有良好的简化效果。

最后,图 3.7 展示了不同的全局最大误差阈值 ϵ 对点云简化的渲染效果的影响。

其中,图 3.7(a)至图 3.7(c)为基于 splat 的渲染,图 3.7(d)至图 3.7(f)为基于球的渲染,每个球的半径等于 splat 的半径。从图 3.7 可以看出,所选择的 splat 子集在不同全局最大误差下均能有效覆盖虚拟对象的表面。

（a）原始虚拟对象，　　（b）原始虚拟对象，　　（c）原始虚拟对象，　　（d）原始虚拟对象，
　　75 781个点　　　　　　134 345个点　　　　　　183 408个点　　　　　　35 945个点

（e）简化结果,2525个点　（f）简化结果,5494个点　　（g）简化结果,9339个点　　（h）简化结果,5744个点

图 3.5　点云模型及简化结果

（a）原始点数172 974点　　　　　　　　　（b）简化后的点数9737,ϵ=0.2

（c）原始点数437 645点　　　　　　　　　（d）简化后的点数22 576,ϵ=0.1

图 3.6　大规模点云及简化结果

（a）ϵ=0.01(5380点)　　　　　（b）ϵ=0.02(3075点)　　　　　（c）ϵ=0.05(1512点)

图 3.7　不同误差阈值下简化结果的各种渲染效果

(d) $\epsilon=0.01$(5380点)　　　(e) $\epsilon=0.02$(3075点)　　　(f) $\epsilon=0.05$(1512点)

图 3.7 （续）

3.3 物理建模实例——虚拟人体的运动合成

3.3.1 背景知识

通过几何建模,虚拟人体具备了空间上的展示与交互能力,再经过物理建模后,进一步具备与虚拟环境实时交互的能力。典型的虚拟人体物理模型主要包含两方面的内容,分别是虚拟人体的静态表示与运动制作,下面分别予以简要说明。

1. 虚拟人体的静态表示

虚拟人体的静态表示又可进一步分为人体骨架系统的构建与关节运动描述两方面。

1) 人体骨架系统构建

在人体骨架系统构建方面,目前业界有两种通用标准,分别是 VRML 使用的 H-Anim 标准与 MPEG 提出的虚拟人体动画标准。

H-Anim 标准是一种用于描绘动画的 3D 虚拟人体模型标准。该标准规定虚拟人体由 H-Anim Humanoid、H-Anim Joint、H-Anim Segment、H-Anim Site、H-Anim Displacer 节点组成,其中 H-Anim Humanoid 节点是其他节点的容器。H-Anim Joint 节点用于描绘虚拟人体模型的关节,所有的关节按层组织成具有父子关系的骨架树,该骨架树就是虚拟人体的骨架系统,虚拟人体的姿态就是该骨架系统决定的。H-Anim Segment 节点用于连接两个 H-Anim Joint 节点,它表示虚拟人体的骨骼。H-Anim Site 节点作为反向运动学 (Inverse Kinematics,IK)系统的终止受动器,也被称为末端控制器,作为虚拟人体姿态变换的约束,表示运动传到某个极限位置就停止。H-Anim Displacer 节点的目的则是将一系列人体动作组合起来,形成一个复杂的动作。对应到人体,通常将脊柱末端的骨关节定义为 H-Anim Humanoid 并作为骨架模型的根,将人体关节和骨骼段定义为不同的 H-Anim Joint 和 H-Anim Segment,由此得到一个层次化的模型。

MPEG 的虚拟人体动画标准与之不同,在 MPEG 中,虚拟人体模型由一组节点组成。其中,顶层节点(BodyNode)至少包括两个子节点:人体的运动参数(BAP)和表示人体模型定义的参数(BDP)。人体运动参数包含 296 个描述虚拟人体骨架属性的参数,这些参数可被应用于 H-Anim 兼容的虚拟人体几何模型,并生成相同的虚拟人体运动。

2) 关节运动描述

在关节运动描述方面,通常会将虚拟人体看作一种具有多个关节的刚体,因为在角色运动过程中,每个关节并不会发生形变。由此,通过定义每个关节的自由度即可完全确定关节的运动。此外,由于骨架系统本身的层次化特性,除根节点外,其余每个关节可根据各自的自由度,在以父关节为坐标原点的局部坐标系内旋转。例如,股骨关节具有 3 个自由度,表示可在 3 个方向上相对于它的父节点(髋关节)进行旋转。

常见的表示旋转自由度的方法有旋转矩阵、欧拉角、四元数等。其中,旋转矩阵分别建模 x、y、z 方向的旋转矩阵,然后进行复合。这种方法需要使用 9 个数表示旋转的 3 个自由度,用作虚拟人体关节自由度的表示略显冗余,因此一般只用于中间计算过程。对于在三维空间里的一个参考系,任何坐标系的取向,都可以用 3 个欧拉角来表现。参考系又称为实验室参考系,是静止不动的。而坐标系则固定于刚体,随着刚体的旋转而旋转。因为用欧拉角描述的自由度为绕坐标系中 3 个轴旋转的方向值,所以大部分运动捕获设备采集的数据都以欧拉角的形式给出,根据运动编辑目标改变欧拉角的数值能够确定得到一个旋转,这是欧拉角最大的优点。然而,欧拉角本身也有缺点,主要有以下 3 点。其一,一般欧拉角描述的人体的旋转都是按照坐标系的某个特定的次序进行的,或者是 xyz,或者是 zyx。其二,用欧拉角定义的旋转有 12 种不同的方式,每种方式得到的复合旋转矩阵都不同,这就要求对人体旋转方向的确切了解,否则有可能得到不同的旋转,导致错误的结果。其三,"万向节死锁"(Gimbal Lock)现象,即如果把 y 轴的值指定为 $\frac{\pi}{2}$ 时,会发现绕 z 轴旋转与绕 x 轴旋转得到的结果会较为近似,此时若对欧拉角插值可能会得到一个毫无意义的结果,不符合人体运动范围的规定。四元数可表示矢量和物体的旋转,并且冗余信息少,它提供了一种比旋转矩阵更为有效的方法。四元数的优点是它的很多基本操作如乘法、倒置等运算都直接对应到相应的旋转操作。而且,四元数的插值计算,即球面线性插值(Spherical linear interpolation,Slerp)使用起来极其方便。四元数的缺点在于其 4 个数和人体关节自由度并没有直接联系,用户无法直观理解它。上述自由度的三种表示方法之间可以相互转换,在此不加赘述。

为了方便对虚拟人体骨架模型的运动进行描述,一般规定两种坐标系:一种是用于描述根节点位置和朝向的世界坐标系(也称为绝对坐标系),另一种是关节的局部坐标系(也称相对坐标系)。在这里,以手臂为例说明人体各关节之间的相对运动,如图 3.8 所示。

图 3.8　手臂刚体结构

由关节之间相对运动和关节的结构可知,手臂末端关节相对世界坐标系的坐标 $P(x,y,z)$ 可表示为:

$$P = MT_n^0 P' \tag{3.5}$$

其中,$P'(x',y',z')$ 为末端关节在自身的局部坐标系中的坐标,M 为根关节到世界坐标系的变换矩阵。T_n^0 为第 n 个相对坐标系到根坐标系的变换矩阵,它可表示为:

$$T_n^0 = T_1^0 T_2^1 \cdots T_n^{n-1} \tag{3.6}$$

通过对任意两个坐标系之间关系的计算,可以方便地得到人体的相对运动。

2. 虚拟人体的运动制作

当前,业界对于虚拟人体实时运动的制作方法主要有以下 4 种。

1) 关键帧方法

在三维计算机动画中,所谓的关键帧是指动画师设计的系列关键画面,中间帧则由计算机通过插值以及各种平滑操作来生成。对于虚拟人体而言,关键帧方法是指利用关键帧表示虚拟人体各个关节的位置、姿态以及对应的时间等信息,然后利用算法在关键帧之间进行插值以及平滑操作生成连续的运动序列。

通过关键帧技术生成的虚拟人体运动的质量和关键帧的质量有很大的关系,而关键帧的制作水平则取决于设计者对于人体运动知识的精通程度以及个人的软件掌握程度。对于较为简单的对象来说,可以采用直接的运动学方法定义关键帧。然而,由于人体的关节众多,关节自由度的总数也比较多,同时需要每秒能提供几十帧动画数据才能获得流畅的视觉效果,因此即使采用了反向运动学算法,关键帧制作的工作量还是比较大的,因此该方法更多应用于关节较少的应用情境中,特别是卡通风格的虚拟人体动画。

2) 运动学方法

运动学是力学的一门分支学科,专门用来描述物体的运动规律,即物体在空间中的位置随时间的演进而进行的改变,完全不涉及作用力或质量等因素。在运动学方法中,通常利用方程来显式地表示虚拟人体的运动和时间之间的函数关系,将定义的高层运动参数转换成虚拟人体的低层骨架运动参数。计算机通过改变少量的高层运动参数自动生成人体运动。运动学方法一般以生物力学原理为计算基础,采用正向或反向运动学方法,计算过程不必一定满足物理规律,只需要将运动学参数(比如虚拟人体各部分的位置、速度和加速度等)赋予虚拟人体相关的骨骼关节即可。

采用运动学方法生成虚拟人体的运动,由于需要用户手动地给出各个关节的局部坐标系以及关节的自由度值等信息,所以对于复杂的多刚体结构来说非常烦琐,并且生成出的运动数据掺杂了太多的人为因素,显得比较生硬。因此,运动学方法通常只用于已知动作捕捉数据的情况。

3) 动力学方法

动力学方法与运动学方法不同,它基于虚拟人体骨骼的质量分布以及施加于每个关节上的力矩,根据物理方法(牛顿运动定律等)计算得到身体各部分的位移数据,最终生成运动。设计驱动虚拟人体各个关节运动的比例微分控制器(Proportional Integral Derivative Controller,PIDC)是动力学方法的关键和难点。由于采用动力学方法计算得到的虚拟人体运动满足自然世界中的物理规律,因此相对于运动学方法来说,能够生成相对更为真实的虚拟人体动画。

动力学方法的主要优点是完全不需要动作捕捉数据就可以生成比较真实的运动,缺点是需要手动地调整很多的参数,并且在自然度方面远不及运动学方法。

4) 利用动作捕捉设备直接制作

动作捕捉是一种高度逼真的虚拟人体运动生成方法。该方法通过运动数据的获取系统详细地记录表演者每个关节的位置和旋转数值,这些数值经过处理后再赋值到虚拟人体上,可以逼真地还原出表演者的运动。利用动作捕捉设备虽然可以实时捕捉到高度逼真的人体运动,然而这种方法也有其自身的缺点:首先,人必须要穿上相对厚重和不甚方便的动作捕捉设备；其次，在对虚拟人体进行控制时，虚拟人体必须要和实际穿着动作捕捉服装的表演者有着相同的骨架结构以及相似的体型；第三，尽管表演者可以依照虚拟环境的约束条件做出相应的交互动作，但是由于现实环境与虚拟环境不可避免地会出现差异，所以动作捕捉设备生成的动作通常并不能够使虚拟人体顺利地与虚拟环境进行交互，所以在应用中直接使用运动捕获设备对虚拟人体进行控制并不现实，业界现在多用动作捕捉设备获取数据，然后将这些数据与其他方法相结合来实现具体的运动控制。

动作捕捉设备是由陀螺仪、加速度传感器以及角速度传感器等多种传感器一起构成的综合传感控制器设备，在捕捉人体运动的时候，这种综合传感器被安装在人体的重要关节（如手腕、脚腕、膝关节）上，以便在运动过程中能够实时计算出人体的运动姿态，进而捕捉到当前人体运动的所有细节并以一定的格式存储。使用 Xsens 进行动作捕捉的实例如图 3.9 所示。

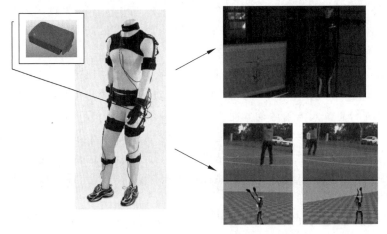

图 3.9　Xsens 公司的产品进行运动控制

上述每种运动制作方法各有其优缺点，在实际应用中，通常结合一种或多种方法来控制虚拟人体的运动，从而提升虚拟人体运动的稳健性和自然度。由于动作捕捉数据捕捉了人体运动的所有细节，并且从某种程度上体现了人类复杂的情感，所以理所当然地成为当前制作虚拟人体运动的主要方法之一。

下面将介绍一种基于动作图的虚拟人体运动合成方法。该方法首先构建虚拟人体的物理模型，然后通过基于动作图的交互式运动合成方法实现对虚拟人体的运动控制。

3.3.2　基于动作图的虚拟人体运动合成

所谓运动合成，是指对无序的动作捕捉数据进行组织，根据需求对其中的若干数据序列进行某种方式的连接与融合，从而得到新的运动数据序列。动作图是一种基于图的运动片段组织方式，本质上是由节点和边组成的有向图，其中的节点对应于静态的人体骨架系统（也可称为人体姿态），而边则对应于连接姿态的运动片段。用户通过搜索动作图就能合成出逼真的运动序列。

现有的动作图可分为两类：一类是基于搜索的动作图，即按照用户的要求在动作图中进行搜索，选取与用户要求最相近的运动片段；另一类是基于融合的动作图，即对图中的动作捕捉数据进行融合。前者主要对原始动作捕捉数据进行连接，其合成运动的能力直接依赖于动作捕捉数据；后者则利用加权平均等方式对原始动作捕捉数据进行加工,从而在一定程度上增强了合成运动的表示能力。然而,基于融合的方法合成运动的表示能力有限,用户的控制精度不高。此外,目前融合方法对根节点位置的计算,只是样本数据中根关节位置的简单加权平均,合成的运动序列的逼真性将会受到很大的影响,容易产生脚步滑动或者根关节朝向抖动的问题。

　　本节介绍的基于动作图的交互式运动合成方法,首先使用一种基于特征的人体动作捕捉数据自动分割方法将原始数据进行分割,然后基于分割的数据片段构建动作图。最后,在实时运动控制过程中,利用动作图生成符合环境约束的运动,用户可以实时改变运动轨迹,控制虚拟人体沿着指定的轨迹运动。在控制虚拟人体沿着新轨迹运动时,采用对路径曲线弧长参数化的方法,获得原始运动在目标轨迹上的位置和朝向,从而将虚拟人体重定位到目标轨迹曲线上,完成路径合成部分。通过本节介绍的算法,可以实时地控制虚拟人体在指定路径任意长度的运动,算法整体流程如图 3.10 所示。

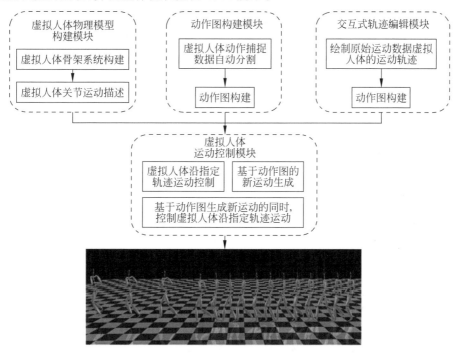

图 3.10　基于动作图的交互式运动合成算法的结构图

下面介绍具体算法实现过程以及相应的实验结果。

1. 算法实现

1）虚拟人体物理模型构建

　　如前所述,虚拟人体的运动数据通常由动作捕捉设备获取。动作捕捉设备通常是由陀螺仪、加速度传感器以及角速度传感器等多种传感器一起构成的综合传感控制器设备,在捕捉人体动作时,这种综合传感器被安装在人体的重要关节(如手腕、脚腕、膝关节)上,以便在人体运动过程中实时计算出人体的运动姿态,进而捕捉到当前人体运动的所有细节。通常动作捕捉数据文件有 HTR、BVH 以及 ASF/AMC 这 3 种格式,每种格式的动作捕捉数据都采用层次化的运动描述方法记录人体的运动。这里重点介绍 ASF/AMC 格式的动作捕捉数据文件。

　　ASF/AMC 格式的动作捕捉数据文件主要包含两部分。其中，ASF 格式文件记录人体骨架数据，AMC 格式文件记录运动数据。ASF 格式文件给出了人体骨架模型，并设定了初始姿态。ASF 格式文件包括捕获系统说明、度量单位、文档描述、根节点信息、关节信息、关节之间的层次结构 6 部分。AMC 格式文件与 ASF 格式文件的内容相对应，以帧为单位记录了每一帧中根关节的平移和旋转向量，以及其他各个关节在各个自由度方向上的旋转，在ASF 文件中，旋转以欧拉角的形式给出。

　　根据 H-Anim 标准以及 ASF/AMC 格式数据文件的分析，首先根据 ASF 格式数据文件构建出虚拟人体的骨架模型，如图 3.11 所示。

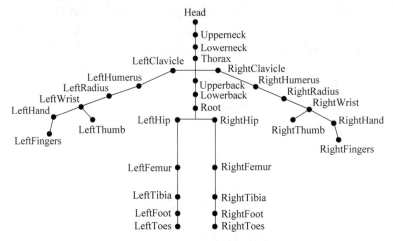

图 3.11　虚拟人体的骨架模型

　　由图 3.11 可见，所构建的骨架模型包含 31 个关节点，构成了树形的组织形式。整个人体骨架模型有一个根节点 Root，从根节点开始向下延伸到各个关节点，形成各个层次的人体骨骼子树。根节点有 6 个自由度，分别是 3 个方向的平移自由度和 3 个方向的旋转自由度，3 个方向的平移量决定了该骨骼树所表示的人体姿态的位置，而 3 个方向的旋转量决定了该骨骼树所表示的人体姿态的朝向。其余各个子关节均有 1～3 个自由度，表示在其父关节为坐标原点的局部坐标系下可能的旋转状态。此外，ASF 格式文件结构还给出了虚拟人体的初始姿态以及各关节的局部坐标系信息。接下来先从骨架模型构建出虚拟人体的层次树，用于后续算法实现，如图 3.12 所示。

　　由图 3.12 可见，骨架模型中的每个关节点都成为层次树的一个节点。其中，每个节点存储着关节的自由度以及相应的运动描述信息。

　　2）动作图构建

　　对动作捕捉数据进行合理分割是构建动作图的前提和基础。与普通的运动数据分割方法不同，用于构建动作图的分割方法需要考虑两方面的特殊要求：一方面，运动片段的长度越短，对运动合成的控制越灵活；另一方面，为了方便用户控制，运动片段中应当包含明确的语义信息。针对这些特殊要求，这里采用了一种基于特征的动作捕捉数据分割方法，使用该方法得到的运动数据片段既包含明确的语义信息又足够灵活；同时，该方法实现了动作捕捉数据的自动分割，避免了烦琐的手工操作，提高了动作捕捉数据的分割效率、精度和稳

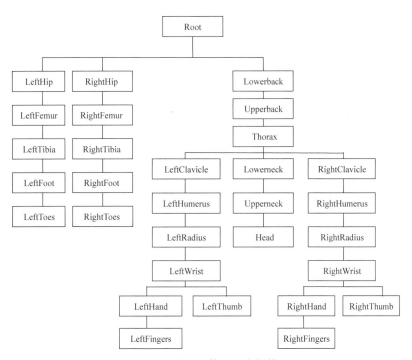

图 3.12 虚拟人体的层次树模型

健性。本节考虑的运动数据仅包括双足运动。

在动作捕捉数据中,人与环境接触的关键姿态,如双足运动中脚接触地面,体现了该运动的运动特征。基于运动特征,可以给出具有明确语义信息的运动类别。本节提出的基于特征的运动捕获数据自动分割法所依据的特征是双足运动的周期性。

在自动分割之前,首先对原始运动数据进行平滑,因为原始的动作捕捉数据因为种种原因可能存在很多不稳定的因素(也被称为噪声),必须对其进行平滑过滤。

本节方法采取的数据平滑算法如下式所示:

$$\text{data}_{\text{frame}} = d_7 \times \frac{1}{28} + d_6 \times \frac{2}{28} + d_5 \times \frac{3}{28} + d_4 \times \frac{4}{28} +$$

$$d_3 \times \frac{5}{28} + d_2 \times \frac{6}{28} + d_1 \times \frac{7}{28} \tag{3.7}$$

其中,$\text{data}_{\text{frame}}$ 为指定帧的运动数据,d_{spread} 为插值的数据,其表示如下式所示。frame 表示当前修改的数据在数据中处于第几帧。spread 为跨度值,spread$=1,2,\cdots,7$:

$$d_{\text{spread}} = \frac{1}{2}(\text{data}_{\text{lowIndex}} + \text{data}_{\text{highIndex}}) \tag{3.8}$$

在公式(3.8)中,lowIndex 和 highIndex 分别指定了对当前帧的数据进行平滑操作使用的窗口大小。其中 lowIndex 为计算 d_{spread} 时使用的第一个数据的索引,且满足下式:

$$\text{lowIndex} = \begin{cases} \text{frame} - \text{spread}, & \text{若}(\text{frame} - \text{spread}) \geqslant 0 \\ 0, & \text{若}(\text{frame} - \text{spread}) < 0 \end{cases} \tag{3.9}$$

highIndex 为计算 d_{spread} 时使用的第二个数据的索引,且满足下式:

$$
\text{highIndex} = \begin{cases} \text{frame} + \text{spread}, & \text{若}(\text{frame} + \text{spread}) < \text{totalframe} \\ \text{totalframe}, & \text{若}(\text{frame} + \text{spread}) \geqslant 0 \end{cases} \tag{3.10}
$$

其中,totalframe 为数据的总帧数。

在对运动数据进行平滑处理之后,下面对运动数据进行自动分割。不失一般性地,假定分析的运动是走路,那么对于跑步等其他双足运动的自动分割也可以以此类推。其中,单位步长的运动数据的自动分割步骤如下。

首先,计算一只脚(左脚或者右脚)在所有运动数据帧中的全局坐标系下的绝对位置,取脚在高度方向的坐标值;接着,寻找所选脚的第一个关键帧,即开始迈第一步的帧数,选择依据是梯度由负变为正并且当前全局位置在全局最低点位置的 10%邻域内;然后,找到所选脚的第二个关键帧,即第一步的最高点的帧数,选择依据是梯度由正变为负并且当前全局位置在全局最高点位置的 10%邻域;最后,寻找所选脚的第三个关键帧,即第一步的结束帧,选择依据同第一个关键帧的选取方法。

依照上述步骤便可从特定运动数据获得单位步长的数据,具体的步长分割如图 3.13所示。

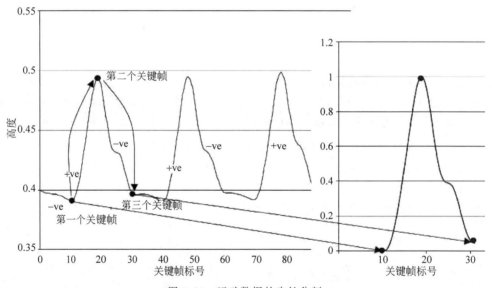

图 3.13　运动数据的步长分割

在此基础上,可实现对连续的双足运动数据进行自动分割,得到若干单位步长的数据,将其作为运动数据片段来构建动作图。

动作图的构建过程主要包含 4 个步骤。

(1) 计算帧间距离。设运动数据片段的个数为 n,对于任何一个运动数据片段 $i < n$,分别计算该运动数据片段的每一帧与其他运动数据片段(记为 j,满足 $j \neq i$ 并且 $j < n$)每一帧之间的距离。若将数据片段 i 中的帧表示为 A_i,将运动数据片段 j 中的帧表示为 B_j,$D(A_i, B_j)$ 表示两帧的距离。在计算距离时,考虑指定大小为 k 的两个窗口内骨架系统的距离,前者的窗口起始帧为 A_i,后者窗口的结束帧为 B_j。$D(A_i, B_j)$ 可以通过计算两个骨架系对应点 $\boldsymbol{p}_i$ 和 $\boldsymbol{p}'_i$ 距离的加权平方和来求得。

(2) 选择过渡点。在计算出相应帧之间的距离之后,给定一个阈值,然后将所有距离小于给定阈值的两个帧作为候选的过渡帧。然而,需要注意的是,距离函数的局部最小值并不意味着可以在两个运动片段之间生成高质量的过渡运动数据,而只意味着其相对其邻居来说比较理想。所以阈值的选取是一个比较关键的因素,通常根据经验值选取。

（3）计算过渡运动数据片段。选定了满足给定阈值的过渡帧号之后,下一个步骤是根据过渡帧号计算两个运动数据片段的过渡数据。假设 $D(A_i, B_j)$ 小于给定的阈值,则通过对第 A_i 帧到第 A_{i+k-1} 帧之间的数据和第 B_{j-k+1} 帧到第 B_j 帧之间的数据进行融合。这里 k 是位于过渡区域的帧数,可以根据实际需要自行设置。融合的第一步是将两个运动数据的根节点的坐标原点和坐标系统一到一个坐标系下,第二步是计算过渡数据的每一帧。具体地,在计算第 p 帧$(0 \leqslant p < k)$时,利用线性插值计算根节点的位置,利用球面线性插值计算关节旋转信息。

（4）动作图剪枝。经过第三个步骤以后,动作图大致上就构建起来了,但有可能在图中存在一种特殊的顶点,它不存在于任何的环路中,不能作为动作图的顶点,所以需要将这种"死点"去掉。

3）交互式轨迹编辑

基于所构建的动作图,可使用交互式的轨迹编辑来控制虚拟人体的运动合成,从而使之按照预设的轨迹进行平滑运动。具体地,使用 Kochanek-Bartels 样条函数对虚拟人体的轨迹进行拟合。Kochanek-Bartels 样条曲线的设计本身就是为了模拟动画轨迹,特别是当对象运动发生改变时,可以通过为参数取非零值而进行模拟。这里的运动发生改变,是指一个卡通角色突然停止运动、改变方向,或者与另一个对象碰撞。下面介绍 Kochanek-Bartels 样条曲线的形式。

Kochanek-Bartels 样条曲线是 Cardinal 样条曲线的扩展。Cardinal 样条曲线是插值分段三次曲线,并且每条曲线段的端点位置均指定切线。一个 Cardinal 样条曲线完全由 4 个连续控制点给出。中间两个控制点是曲线段的端点,其他两个点用于计算曲线斜率。在 Cardinal 样条曲线中,一个控制点的斜率值可以由两个相邻的控制点的坐标进行计算,如图 3.14 所示。

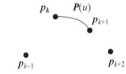

图 3.14　在控制点 p_k 和 p_{k+1} 间,Cardinal 样条曲线的参数向量函数 $P(u)$

假设 $P(u)$ 是两个控制点 p_k 和 p_{k+1} 间的参数三次函数式,则从 p_{k-1} 到 p_{k+1} 间的 4 个控制点用于建立 Cardinal 样条段的边界条件如下式所示:

$$P(0) = p_k \tag{3.11}$$

$$P(1) = p_{k+1} \tag{3.12}$$

$$P(0)' = \frac{1}{2}(1-t)(p_{k+1} - p_{k-1}) \tag{3.13}$$

$$P(1)' = \frac{1}{2}(1-t)(p_{k+2} - p_k) \tag{3.14}$$

其中 $P(\cdot)'$ 表示该点处的斜率。参数 t 称为张量参数,它的作用是控制 Cardinal 样条曲线与输入控制点的松紧程度。图 3.15 展示了 t 取很小值和很大值时 Cardinal 样条曲线的形状。

对于 Kochanek-Bartels 样条曲线,它的边界条件被定义如下式所示:

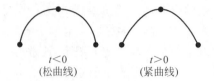

$$t<0$$
（松曲线）
$$t>0$$
（紧曲线）

图 3.15　张量参数在 Cardinal 样条曲线形状中起到的作用

$$\boldsymbol{P}(0) = \boldsymbol{p}_k \tag{3.15}$$

$$\boldsymbol{P}(1) = \boldsymbol{p}_{k+1} \tag{3.16}$$

$$\boldsymbol{P}(0)' = \frac{1}{2}(1-t)\left[(1+b)(1-c)(\boldsymbol{p}_k - \boldsymbol{p}_{k-1}) + (1-b)(1+c)(\boldsymbol{p}_{k+1} - \boldsymbol{p}_k)\right]$$

$$\tag{3.17}$$

$$\boldsymbol{P}(1)' = \frac{1}{2}(1-t)\left[(1+b)(1-c)(\boldsymbol{p}_{k+1} - \boldsymbol{p}_k) + (1-b)(1+c)(\boldsymbol{p}_{k+2} - \boldsymbol{p}_{k+1})\right]$$

$$\tag{3.18}$$

其中，b 是偏离参数，c 是连续性参数。这里的张量参数 t 与 Cardinal 样条公式中的 t 作用同样，都是用于控制曲线段的松紧程度。偏离参数 b 来调整曲线段在断点处弯曲的数值，因此曲线段可以偏向一个端点或者另一个端点。参数 c 控制切向量在曲线段边界处的连续性，若 c 取非零值，则曲线在曲线段边界处的斜率上具有不连续性。

　　通过将虚拟人体走路的轨迹使用如上所述的 Kochanek-Bartels 样条函数进行拟合，允许用户通过拖动曲线上的控制点修改虚拟人体运动的轨迹，从而实现了交互式的轨迹编辑。在修改虚拟人体运动轨迹时，首先调整视点，如图 3.16 所示，通过拖动鼠标对轨迹进行编辑。修改轨迹操作完成后，将视点恢复，原始运动轨迹得到修改，如图 3.17 所示。

图 3.16　视点调整以后调整运动轨迹

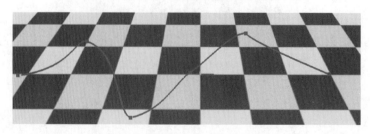

图 3.17　视点还原以后的轨迹

2．实验结果

1）运动合成的效果

图 3.18 展示了运动数据自动分割方法结果。通过对动作捕捉数据进行自动分割,得到了 4 个单位步长的运动数据片段,从左至右依次是左腿跑、右腿跑、左腿走与右腿走。

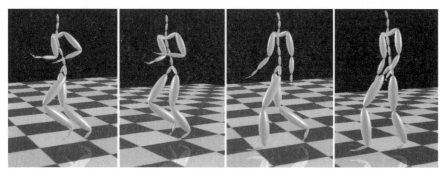

图 3.18　通过自动分割得到的运动数据片段

图 3.19 展示了基于上述动作图构建方法,利用图 3.18 自动分割得到的单位步长运动数据片段合成的运动序列。

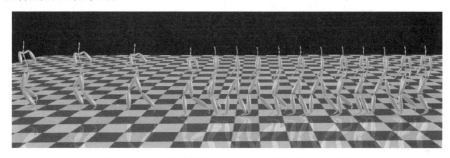

图 3.19　基于动作图生成的由走到跑的运动序列

如图 3.19 所示,合成的虚拟人体运动序列较好地实现了由走到跑的变化,不同帧之间变化较为自然。

2）交互式运动编辑的效果

轨迹合成的实质是在目标轨迹上,找到原轨迹上每一帧相对应的坐标位置和方向,并保证虚拟人体的脚步不产生滑动现象。

在求解虚拟人体在目标轨迹上每一帧的根节点的坐标位置和方向时,采用基于轨迹弧长参数化的方法来解决。将虚拟人体的位置以弧长为单位映射到目标轨迹上,使得相同的时间内移动相同的距离,从而保证虚拟人体在目标轨迹上移动的速度与在原始轨迹上的速度一致。采用该方法,既消除了由轨迹变换产生的脚步滑动,又能很好地保留了运动的动力学特性及原始特征,但当目标轨迹长度与原始轨迹长度不一致时,并不能保证运动结束在轨迹末端。因此,需要根据目标轨迹长度合成新的运动,使得运动可以进行到轨迹末端,这就需要利用上面生成得到的运动图进行合成,如图 3.20 所示,图 3.20(a)为原始运动轨迹,图 3.20(b)为采用弧长参数化轨迹的方式进行轨迹合成,该目标轨迹要长于原始轨迹,多出的部分由合成的新运动补偿,使得运动可以进行到轨迹末端。

弧长参数化的方法为给定弧长 s,得到在新轨迹上距离起始点的距离为 s 的点的坐标。

(a) 原始运动轨迹　　　　　　　　(b) 采用弧长参数化进行的轨迹合成结果

图 3.20　弧长参数化轨迹合成

弧长公式为 $s = A(t) = \int_0^t \sqrt{x(u)^2 + y(u)^2 + z(u)^2}\, \mathrm{d}(t)$，由于积分函数不可逆，不能直接得到给定弧长对应的参数 t，实验中以帧为单位，计算虚拟人体在新轨迹上的位置(其中，每一帧经过的位移等于原始轨迹上在当前帧经过的位移)，具体计算的过程是一个离散的积分过程，而位移的计算是通过上文 Kochanek-Bartels 样条的构造公式得到的。

图 3.21 为已知原始动作捕捉数据，通过交互指定运动轨迹，使得虚拟人体沿着新轨迹运动的示意图。图 3.22 为根据动作图生成运动并沿着用户指定的轨迹运动的示意图。可以看到，合成的虚拟人体能够沿着用户指定轨迹运动，且没有明显的滑步现象。

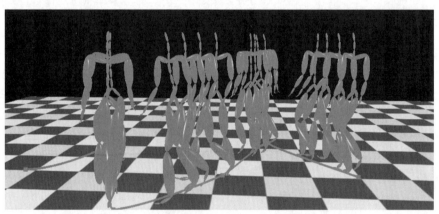

图 3.21　虚拟人体沿用户交互指定的轨迹运动

图 3.22　根据动作图生成运动并沿着用户指定轨迹运动

3.4　物理建模实例——基于 SPH 的热带气旋建模

3.4.1　背景知识

云景瑰丽多姿的视觉特征和复杂的物理过程一直是气象学和计算机图形学研究人员关注的热点。气象研究人员通常借助地面观测图像或雷达数据分析云的宏观特征，利用卫星云图反演云的参数,了解云的构成和发展变化,还会通过求解大气方程组对云景的形成、发展和消散等过程进行仿真。计算机图形学研究人员则主要利用两类经典方法,即基于过程的方法和基于物理的方法,对云景进行仿真建模。前者侧重利用噪声纹理和交互技巧对云景进行建模,依赖频繁的参数调整;后者则借助简化的大气方程组仿真云的动态变化过程,由于初始边界条件和云景的形状呈非线性关系,建模人员仍然需要花费大量的精力才能为初始边界条件设置合适的参数。

受到软硬件的限制,现有方法大多侧重对小规模的云景进行建模,而且多聚焦于云的视觉效果,主要应用于影视动漫和 3D 游戏中。这些方法构建的云景与现实世界的云景在视觉上比较接近,但其外在形状和内部属性都与现实的云景存在较大的差异,物理真实性有待提高。在虚拟现实应用中,往往需要与云景进行交互,这种情形不单要求在建模视觉上的逼真,还要求与现实云景"物理接近"。这里的"物理接近"不仅体现在视觉效果的相似,而且体现在形状特征、属性构成都尽量符合现实。例如,在军事仿真应用中,虚拟场景中的云景应尽量符合实际天气状况。在天气分析应用中,预报人员则希望真实、实时、逼真地再现大尺度云系的动态效果。在这种要求下,高度的真实性成为云景建模的新要求。

随着探测技术和数值仿真技术的发展进步,人类获取气象数据的能力大大提高。这些数据的出现为构建真实的三维云景提供了必要条件。在此基础上,研究和分析与云景有关的气象数据(如自然图像、卫星云图和数值模拟数据等),并从数据中提取与云景有关的信息,从而构建具有气象学意义的三维云景。在这种建模框架下,最终得到的云景与输入数据在形状特征、属性构成以及场景规模等方面都具有一定相关性。这种方法在一定程度上克服了经典方法的弱点,同时满足了虚拟现实应用的需求,逐渐成为一个新的研究方向和热点。

云景的物理建模侧重于对云景的动态演化过程进行表征,主要方法包括基于过程、基于物理以及数据驱动的方法。从云景的尺度来看,基于过程的方法和基于物理的方法依赖用户的参数设置,比较适合小规模的云景建模;数据驱动的方法则能够满足大规模云景的建模。从云景的动态演化来看,基于物理的方法和数据驱动的方法更容易构造连续时间序列的云景。从建模的输入输出看,基于过程的方法以纹理噪声函数、粒子系统的参数或云景的基本形状为输入,通过计算函数的取值或变换基本形状以产生建模结果,由于输入和建模过程都不具备气象学意义,因此建模结果也不具备气象学意义;基于物理的方法以初始边界条件为输入,通过求解简化的物理方程以生成云景在不同时刻的形状,尽管可以输入真实的气象数据,但由于物理方程过于简化,建模结果还是无法具有气象学意义;数据驱动的方法侧重对气象数据的分析,其核心是利用气象学模型从数据中提取与云景有关的信息,以构建云景的物理属性,最终在虚拟场景中再现云景的演化。三类方法没有明显的界线,具体的工作中往往会用到多种方法。

1. 基于过程的方法

基于过程的方法主要涉及三类方法,即噪声纹理函数、粒子系统和可控形状等。对于这些方法,建模人员需要通过设定参数或借助交互手段来构造云景的形状。由于建模结果和输入在视觉上相关性不高,往往需要经过多次的交互才能得到满意的云景形状。

1)噪声纹理函数

噪声纹理函数是早期云景建模的重要技术。对象的属性(密度和颜色等)被看作空间位置、时间以及其他参数的函数,因此复杂的自然现象可以通过一些参数进行描述。这类技术主要用于建模具有分形边界的云,如卷云、层云和边界不规则的积云,而浓积云和积雨云则不适合用噪声纹理函数来建模。

图 3.23(a)展示了基于噪声纹理函数的云景建模结果。该方法预先利用隐函数来生成一个规则体数据,然后对体数据进行噪声扰动,从而生成三维云景。

2)粒子系统

粒子系统(Particle System)通常用来建模自然场景,它将自然场景看作大量不规则的、随机分布的运动粒子集合,其中每个粒子具有一定的属性,如位置、颜色、透明度、形状、生命周期等。它们不断运动,改变形状,甚至消亡,从而表现出自然场景的总体外形及其变化规律。粒子系统的特点是实现简单,代码量少,描述相同细节的自然场景时比其他方法需要的内存较少。其不足之处在于,当表现细节程度较高或规模较大的自然场景时,需要大量的粒子,计算开销较大。因此,粒子系统适合建模单朵积云或小规模的积云场景,不适合建模尺度较大的层云和卷云。

元球(Metaball)可以看作粒子系统的推广。单个元球可以通过中心位置、半径和密度三个参数来定义,而所有元球在空间上叠加就形成了物体的密度场。1996 年,Nishita 等首先通过指定少量的元球构成云景的基本形状,然后在基本形状上随机叠加一些新的元球形成新的形状,经过多次迭代得到云景的最终形状。1998 年,Dobashi 等采用元球表示台风云系,并借助一个极其简化的单次散射模型从红外云图中搜索每个元球的参数。2010 年,Dobashi 等将元球的中心位置限定到同一平面上,通过搜索元球的半径和密度从单幅自然图像中重建层云,其建模效果如图 3.23(b)所示。

3)可控形状

这类技术主要用于建模比较稠密的云景,比如积云和层云。由于这些云具有确定的形状,建模人员可以借助图形界面设计云景的形状。

早期,Nishita 等通过交互指定云景的基本形状,然后扰动基本形状,以产生具有细节的云景形状。后来,Bouthors 等通过在云景的边界迭代地放置粒子来生成积云。他们将小粒子放到大粒子上,当粒子半径接近于 0 时即指定云景的边界。2003 年,Rana 通过摆放小立方体来建模云景。类似地,Wang 提出了一种大规模三维云景的实时模拟方法,该方法首先通过摆放盒子来生成云景的基本形状,然后用具有位置、大小、角度和颜色的面片填充基本形状形成云景的细节。2008 年,Wither 等提出利用草图的方法建模云景形状,他们首先勾勒出云的二维廓线,然后将二维廓线经过平移、旋转和缩放等操作形成云的三维形状,如图 3.23(c)所示。

2. 基于物理的方法

云景的生成涉及地表气流受热上升、上升气流遇冷凝结形成小水滴、小水滴合并形成云滴等过程。显然,精确描述这些过程是极为困难的。早期的方法对云景的建模多借助一些状态转移规则控制云景的动态变化,后来的方法则利用简化的大气方程组描述云景的生成和发展过程。相比于基于状态转移的模型,大气方程物理含义明确,参数设置比较直观,能够获得更为逼真的动态效果。与基于过程的方法类似,由于基于物理的方法依赖于偏微分方程,建模结果和输入成非线性关系,云景的形状因此很难预料,导致该方法不能达到"所见即所得"的建模效果。近年来,许多运行在 CPU 的算法都被迁移至 GPU 上,使得基于物理

(a) Ebert的方法　　　　　(b) Dobashi等的方法　　　　　(c) Wither等的方法

图 3.23　基于过程的云景建模的几种典型方法

的建模方法效率获得了显著提升。然而,由于 GPU 存储能力的局限,这类方法主要用来构建小规模云景,常见的有基于状态转移与基于大气方程组的方法等。

1) 基于状态转移的方法

基于物理的云景建模通常采用三维规则网格表示云景。每一个网格节点都具有一个或多个属性(如颜色、密度、速度等)。1984 年,Kajiya 演示了一个简单的方法对云景进行模拟。后来,Dobashi 等利用细胞自动机模型表现云景的变化过程。细胞自动机模型通过简单的状态转移过程控制云景的变化,如图 3.24(a)所示。

2) 基于大气方程组的方法

随着硬件计算能力的提高,研究人员开始利用简化的大气方程组建模云景的运动。2002 年,Overby 等使用 Stam 的稳定流体算法在规则网格上通过求解流体力学方程和云相变方程模拟云景的生长消散过程。同年,Miyazaki 等通过求解类似的方程组来模拟积云。在此基础上,Harris 等利用 GPU 并行求解大气方程组,实现了三维云景的交互式物理仿真,如图 3.24(b)所示。此外,Mizuno 等还提出了双流体(2 Fluid Model,2FM)模型,用于模拟火山喷发时的云景。2008 年,Dobashi 等提出了可控形状的云景物理建模方法,该方法将用户的控制曲线转化为约束力,构造与控制曲线基本吻合的积云,特别适合艺术设计应用,效果如图 3.24(c)所示。

(a) Dobashi等的方法　　　　　(b) Harris等的方法　　　　　(c) Dobashi等的方法

图 3.24　基于物理的云景建模的几种典型方法

3. 数据驱动的方法

观测数据和数值模拟数据是两类典型的气象数据。其中,观测数据根据观测平台可以分为地面观测数据(自然图像、雷达数据等)、机载观测数据、卫星遥感数据(卫星云图)等;数值模拟数据主要是指各种天气预报模式的输出数据,例如气象研究与预报模式(Weather Research and Forecasting Mode,WRFM)数据。目前利用气象数据建模云景的工作相对较少,主要原因是相关数据的获取难度较大。然而,随着深度学习等技术的发展,数据驱动的方法越来越受到研究人员的重视。

下面介绍一种基于 SPH 的云景建模方法,该方法属于基于过程的方法,以热带气旋的 WRF 数据为输入数据,利用 SPH 框架建模云景的物理属性,从而实现云景的动态演化。

3.4.2 基于 SPH 的热带气旋建模方法

1. 算法实现

1) 基于位置的动态算法框架

自 Lucy、Gingold 和 Monaghan 等分别提出了光滑质点流体动力学(Smoothed Particle Hydrodynamics,SPH)方法,并且成功将其应用于天体物理领域之后,SPH 法已经被应用于冲击波模拟、流体动力学、水下爆炸仿真模拟、高速碰撞等材料动态响应的数值模拟领域。然而,SPH 在计算过程中对步长的要求比较苛刻,因此 Miles 和 Matthias 在 2013 年在设计了基于位置的流体(Position Based Fluid,PBF)算法,通过求解一组位置约束,从而强制保证不可压缩性。传统 SPH 方法通过先分析所有的受力情况,然后再计算仿真对象的加速度,进而求解速度和位移的过程,而 PBF 方法则是先应用平流估计,即主要外力作用和惯性产生的位移,然后在此位置上通过迭代求解满足相应的应力作用的位移直到收敛,因此在较大时间步长下,可以实现较为真实的云景运动。

PBF 算法流程如图 3.25 所示。

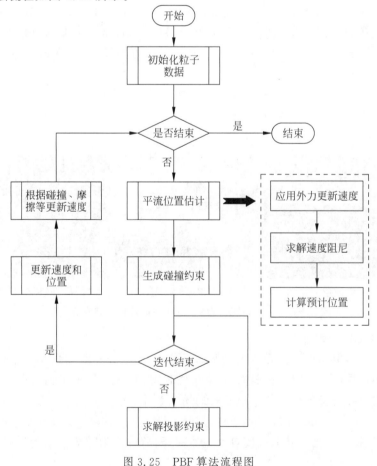

图 3.25　PBF 算法流程图

PBF 提出通过一组包含 N 个粒子和 M 个约束方程表示动力学对象。其中，每个粒子 $\boldsymbol{P}_i$（$i \in [1,2,\cdots,N]$）包括质量 m_i、位置 $\boldsymbol{x}_i$ 和速度 $\boldsymbol{v}_i$ 等属性。每一个约束方程 C_j（$j \in [1,2,\cdots,M]$）包含基数 n_j（表示粒子的数目），约束函数 C_j：$R^{3n_j} \to R$，粒子索引 $\{i_1,i_2,\cdots,i_{n_j}\}$，$i_k \in [1,2,\cdots,N]$，一组稳健的参数 $k_j \in [0,1]$ 和等式/不等式约束。

若约束方程是一个等式，需要满足 $C_j(\boldsymbol{x}_i,\cdots,\boldsymbol{x}_{i_{n_j}}) = 0$；如果约束函数为不等式，则需要满足 $C_j(\boldsymbol{x}_i,\cdots,\boldsymbol{x}_{i_{n_j}}) \geqslant 0$。参数 k_i 用于控制约束的强度，且其取值范围在 0～1。图 3.26 给出了 PBF 算法的伪码。

算法 1：PBF 算法

1	**for**	所有粒子 $\boldsymbol{P}_i$ **do**
2		初始化粒子数据 $\boldsymbol{x}_i = \boldsymbol{x}_i^0, \boldsymbol{v}_i = \boldsymbol{v}_i^0, w_i = \dfrac{1}{m_i}$
3	**end**	
4	**loop**	
5		**for** 所有粒子 $\boldsymbol{P}_i$ **do**
6		应用外力更新速度 $\boldsymbol{v}_i \Leftarrow \boldsymbol{v}_i + \Delta t f_{\text{ext}}(\boldsymbol{x}_i)$
7		求解速度阻尼
8		计算预计位置 $\boldsymbol{p}_i \Leftarrow \boldsymbol{x}_i + \Delta t \boldsymbol{v}_i$
9		**end**
10		**for** 所有粒子 $\boldsymbol{P}_i$ **do**
11		生成碰撞约束 $\boldsymbol{x}_i \to \boldsymbol{p}_i$
12		**end**
13		**while** 迭代次数 < 最少迭代次数 **do**
14		求解约束方程 $(C_1, C_2, \cdots, C_{M+M_{\text{coll}}}, \boldsymbol{p}_1, \boldsymbol{p}_2, \cdots, \boldsymbol{p}_N)$
15		**end**
16		**for** 所有粒子 $\boldsymbol{P}_i$ **do**
17		校正速度 $\boldsymbol{v}_i \Leftarrow \dfrac{1}{\Delta t}(\boldsymbol{p}_i - \boldsymbol{x}_i)$
18		校正位置信息 $\boldsymbol{x}_i \Leftarrow \boldsymbol{p}_i$
19		**end**
20		更新速度 $(\boldsymbol{v}_1, \boldsymbol{v}_2, \cdots, \boldsymbol{v}_N)$
21	**end**	

图 3.26　PBF 算法的伪码

由图 3.26 可见，算法的第 1～3 行是初始化每一个粒子的属性。PBF 的核心思想是算法的第 6～8 行、第 13～15 行和第 16～19 行。第 6～8 行中使用显式的欧拉积分计算粒子的平流运动，主要计算对象受到外力后估计的粒子新位置。第 13～15 行是迭代求解过程，求解约束方程也是算法的难点所在。通过迭代求解约束方程（根据不同仿真对象增加不同约束），校正平流运动（第 16～19 行）估计的位置 $\boldsymbol{p}_i$，直到其满足相关的约束函数为止。

除了估计粒子的新位置之外，还需要更新粒子的运动速度。速度修改在算法的第 6、7、17 行中。其中，第 6 行主要是应用那些不能转换为约束函数的系统外力更新速度。常见的系统外力有重力和科里奥利力等。第 7 行表示速度阻尼，在必要时才增加此项。最后，在第 17 行中，根据摩擦和恢复系数对碰撞粒子的速度进行校正。

在求解过程中，$C_1, C_2, \cdots, C_M$ 为预设的约束方程。此外第 11 行又在每一个计算步长

中生成了 M_{coll} 个碰撞约束。因此,在第 14 行求解约束函数的过程中,需要对固定的 M 个约束函数和 M_{coll} 个碰撞约束进行求解。其具体求解过程为,以 $M+M_{coll}$ 个约束函数和粒子的预计位置 $p_1,p_2,\cdots,p_N$ 作为输入,求解过程中修改预计位置直到满足所有的约束函数。这个过程中得到的方程组是非线性的。同时,不等式的约束函数将产生不等式结果。为了求解这一系列的等式和不等式方程组,PBF 算法使用 Gauss-Seidel 迭代法进行求解。

2)带旋转的基于 PBF 的云景建模方法

为更符合云景的物理运动过程,可对 PBF 框架进行若干修改,设计带旋转的基于 PBF 的云景建模方法,算法流程如图 3.27 所示。

算法 2:带旋转的基于 PBF 的云景建模算法

1	**for** 所有粒子 P_i **do**
2	应用外力更新速度 $v_i \Leftarrow v_i + \Delta t f_{ext}(x_i)$
3	计算预计位置 $p_i \Leftarrow x_i + \Delta t v_i$
4	**end**
5	**for** 所有粒子 P_i **do**
6	查找邻居粒子 $N_i(p_i)$
7	**end**
8	**while** 迭代次数<最少迭代次数 **do**
9	**for** 所有粒子 P_i **do**
10	计算 λ_i
11	**end**
12	**for** 所有粒子 P_i **do**
13	计算位置校正 Δp_i
14	执行碰撞检测和响应
15	**end**
16	**for** 所有粒子 P_i **do**
17	校正位置 $p_i \Leftarrow p_i + \Delta p_i$
18	**end**
19	**end**
20	**for** 所有粒子 P_i **do**
21	校正速度 $v_i \Leftarrow \dfrac{1}{\Delta t}(p_i - x_i)$
22	应用涡旋约束和 XSPH 黏性
23	校正位置信息 $x_i \Leftarrow p_i$
24	**end**

图 3.27　带旋转的基于 PBF 的云景建模算法

与 PBF 算法相比,带旋转的基于 PBF 的云景建模算法在第 2 行中使用的外力包括重力和科里奥利力;同时将 PBF 算法中碰撞检测和响应过程放到求解不变形约束的约束求解过程中(第 12～14 行)。这是由于流体的粒子碰撞与刚体不同,作用时间短且速度变化大,且在密度约束过程中已经包含了部分流体粒子的碰撞,因此将碰撞检测和响应过程移到约束求解过程中更符合流体运动的特点。同理,将 PBF 中求解投影约束过程分解为第 9～18 行。此外,为解决未预期的阻尼,还增加了涡旋约束和 XSPH 黏性。下面重点介绍修正的部分。

(1)科里奥利力。热带气旋(台风)呈螺旋状的主要原因是地球是旋转体。由于地球本身在旋转,在地球上观察的直线运动,其真实速度还需要惯性体系中和地球自转相同的速度。因此,沿着地球坐标系看到的直线方向运动,实际上会朝着某一个方向偏移,这也是台风都呈逆时针运动的原因。在建模热带气旋时,这是不可忽略的现象。

在以旋转体为参考系中的质点沿直线运动时,导致其偏离原有运动方向的力就是科里奥利力。从物理学角度考虑,科里奥利力在惯性系中并不存在,而是惯性作用在非惯性系中的一种表现形式,是为了方便计算而引入的一个假想惯性力。科里奥利力表示如下列公式所示:

$$f_c = -2m(\Omega \times \boldsymbol{v})$$ (3.19)

其中,m 是质点质量,Ω 是地球的旋转角速度,$\boldsymbol{v}$ 是相对于地球参考系的运动速度。$\times$ 是向量积符号。

(2)密度约束。为保证粒子的密度,在求解非线性约束系统中对每一个粒子生成一个约束函数。每一个约束函数都是该粒子与其邻居粒子位置相关的函数,定义如下列公式所示:

$$C_i(\boldsymbol{p}_1, \boldsymbol{p}_2, \cdots \boldsymbol{p}_n) = \frac{\rho_i}{\rho_0} - 1 = 0$$ (3.20)

其中,ρ_0 表示剩余密度,ρ_i 为使用标准 SPH 密度估计的估计值,表示为:

$$\rho_i = \sum_j m_j W(\boldsymbol{p}_i - \boldsymbol{p}_j, h)$$ (3.21)

其中,m_j 是第 j 个粒子的质量,W 是紧致域半径为 h 的光滑核函数。常见的核函数有 poly6 核函数、Spiky 核函数等。

由于公式(3.21)是非线性方程,在光滑核函数的边界可能出现梯度消失的情况,因此在约束函数中添加一些约束力来松弛约束,如下列公式所示:

$$C(\boldsymbol{p} + \Delta \boldsymbol{p}) \approx C(\boldsymbol{p}) + \lambda \nabla_p C(\boldsymbol{p}) \nabla_p C(\boldsymbol{p}) + \varepsilon \lambda = 0$$ (3.22)

其中,ε 是预设的松弛参数。在此情形下,所有的位置更新将包含所有邻居粒子的密度约束,如下列公式所示:

$$\Delta \boldsymbol{p}_i = \frac{1}{\rho_0} \sum_j (\lambda_i + \lambda_j) \nabla W(\boldsymbol{p}_i - \boldsymbol{p}_j, h)$$ (3.23)

(3)拉伸不稳定性。在 SPH 仿真中常见的一个问题是由于粒子周边邻居粒子过少导致负压强,导致粒子聚集的现象,如图 3.28(a)所示。通过增加人工压力,可保持压力的非负性,减少粒子的凝聚性,如图 3.28(b)所示。

(a) 未增加人工压力　　　　　　　　　(b) 增加人工压力

图 3.28　增加人工压力前后的粒子聚集情况

具体地,在光滑核函数中增加一个人工压力,如下列公式所示:

$$s_{\text{coor}} = -k \left(\frac{W(\boldsymbol{p}_i - \boldsymbol{p}_j, h)}{W(\Delta \boldsymbol{q}, h)} \right)^n \qquad (3.24)$$

其中,$\Delta \boldsymbol{q}$ 是一个具有固定距离且位于光滑核紧致域半径内的点,k 是一个小的正常量。粒子矫正位置在添加人工压力后变为下列公式:

$$\Delta \boldsymbol{p}_i = \frac{1}{\rho_0} \sum_j (\lambda_i + \lambda_j + s_{\text{coor}}) \nabla W(\boldsymbol{p}_i - \boldsymbol{p}_j, h) \qquad (3.25)$$

（4）涡旋约束和黏性。这里使用涡旋约束来模拟阻尼带来的影响,可使用位置矢量 $\boldsymbol{N} = \dfrac{\eta}{|\eta|}$ 来计算矫正的力,如下列公式所示:

$$f_i^{\text{vorticity}} = \varepsilon (\boldsymbol{N} \times \boldsymbol{\omega}_i) \qquad (3.26)$$

其中,ε 是预设的因子,$\boldsymbol{\omega}_i$ 是在粒子 $\boldsymbol{P}_i$ 位置的涡旋。此外,添加的 XSPH 黏性如下列公式所示:

$$\boldsymbol{v}_i^{\text{new}} = \boldsymbol{v}_i + c \sum_j (\boldsymbol{v}_j - \boldsymbol{v}_i) W(\boldsymbol{p}_i - \boldsymbol{p}_j, h) \qquad (3.27)$$

其中,c 是常数。

2. 实验结果

1）初始状态的构建

传统的粒子系统中粒子属性包含粒子的位置、质量及半径等基本属性,同时为了建模粒子的运动过程,还需要粒子的速度、加速度及质量等属性。为了准确计算粒子的速度和加速度,这里还需引入粒子的初始位置、上一帧位置及上两帧位置。此外,为了加速计算,提前计算并保存云粒子的质量倒数等。综上可构建云粒子的属性,如表 3.3 所示。

表 3.3　粒子系统中的粒子属性

属　　性	英 文 名 称	属 性 含 义
位置	Position	粒子当前位置
半径	Radius	粒子半径
速度	Velocity	粒子当前运动速度
加速度	Acceleration	粒子运动的加速度
质量	Mass	粒子质量
质量倒数	Inverse mass	粒子质量的倒数
初始位置	Position0	粒子初始位置
上一帧位置	Old position	粒子上一帧所在位置
上两帧位置	Last position	粒子上两帧所在位置

这里使用 WRF 数据建模热带气旋。WRF 包含多种物理量数据的输出,如网格的经纬度、地表温度、云顶温度、地形高度、云水混合比等。其中,WRF 数据中的速度属性用来表示上述热带气旋粒子系统中每个粒子的运动速度。

2）热带气旋建模结果

经过粒子系统初始状态构建后,从 WRF 数据集中采样粒子的位置、速度、密度、压强等信息,利用带旋转的基于 PBF 的云景建模方法即可实现热带气旋的建模。图 3.29 展示了热带气旋的建模结果。数据时间范围为 2010 年 9 月 15 日 0 时至 2010 年 9 月 15 日 11 时 30 分（共 12 小时）,地理范围为东经 113.0 度至 120.8 度,北纬 22.2 度至 25.8 度。

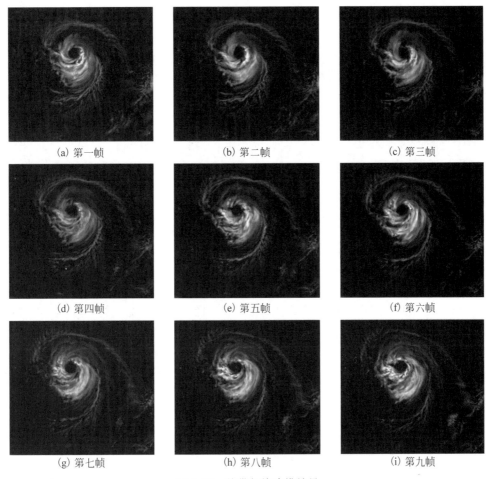

(a) 第一帧	(b) 第二帧	(c) 第三帧
(d) 第四帧	(e) 第五帧	(f) 第六帧
(g) 第七帧	(h) 第八帧	(i) 第九帧

图 3.29　热带气旋建模效果

　　由图 3.29 可见,从第一帧到第九帧,热带气旋的动态演化过程较为自然,且符合真实场景下的运动规律。由此可见,本节介绍的算法可以有效地实现热带气旋的物理建模。当然,该算法也存在一些不足。例如,建模过程中缺少对热带气旋行进路径机理的分析,不能对热带气旋的行进进行建模。此外,PBF 算法计算量较大,无法支持较大规模的云景建模。

3.5　习题

1. 在 Unity 中,构造包括陆地、海洋、植物等元素的虚拟环境。
2. 在 Unity 中添加人物角色,并制作动画。
3. 通过 Kinect 获取室内场景,并构造室内模型。

第 4 章

虚拟现实渲染及相关技术

4.1 虚拟现实渲染的有关概念

虚拟现实渲染技术的目的是将虚拟环境中的各种虚拟对象,通过不同的方法和算法,渲染到相应设备上,带给用户较强的沉浸感。与计算机图形学中的渲染相比,虚拟现实渲染具有自身的特点,一是内涵更丰富,根据 Gibson 提出的概念模型,人的感觉系统可划分为视觉、听觉、力触觉、嗅觉、味觉 5 部分。这就要求虚拟现实渲染技术不仅要给用户提供逼真的视觉感受,还要在听觉、力触觉、嗅觉及味觉等方面给出全方位的逼真表现。二是强调实时性,为了向用户提供更好的逼真和交互体验,虚拟现实渲染技术需要在视觉、听觉、力触觉方面更快地响应应用户的交互。

下面首先介绍虚拟现实渲染技术的基本内容,接着介绍视觉渲染的主要类型,最后重点介绍视觉渲染中有关实时渲染的关键技术。

4.1.1 虚拟现实渲染的基本内容

1. 视觉渲染技术

视觉是人类第一大感觉,人类对客观世界的感知信息约有 80% 来自视觉。能够实时渲染出具有真实感的虚拟对象,是实现虚拟现实视觉渲染的关键手段,也是构建虚拟环境的核心技术之一。真实感和实时性是虚拟现实系统沉浸感及交互性的重要保障,也是一对突出的矛盾。虚拟现实视觉渲染技术大都围绕如何提高真实感和实时性而展开。按照所依赖几何信息的不同,虚拟现实视觉渲染可分为基于几何的渲染技术、基于图像的渲染技术,以及几何与图像结合的渲染技术等。在基于几何的渲染技术中,输入数据为虚拟对象的几何信息,这类方法受虚拟对象几何复杂度的影响较大。对单个的虚拟对象而言,当几何复杂度较高时,可以使用模型化简算法或并行计算等技术加速渲染。对大规模虚拟场景而言,则需要使用场景渲染优化技术、场景组织技术等实现渲染效率的提升。基于图像的渲染技术则以图像作为输入数据,不具备完全的几何信息,经过技术处理可生成新视点图像,常见方法有光场计算、流明图、同心拼图、全景拼图等。几何与图像结合的渲染技术,在几何信息和其他数据方面折中,主要研究图像图形融合时的几何一致性和光照一致性等方面的工作。

2. 听觉渲染技术

听觉是人类仅次于视觉的第二大感觉,人类对客观世界的感知信息约有 15% 来自听觉。声音不仅可以为视觉画面伴音,还可以补充视野之外的信息,增强虚拟世界的空间感和真实感。因此,身临其境的听觉渲染也是虚拟现实渲染的重要内容。

在虚拟环境中,每一个可发声的对象都是一个声源。听觉渲染就是要对这些声源的音频特征和空间信息进行渲染,包括声音的模拟、合成及定位。现有的大部分声音素材都是以数字形式存储的,所以对于声源的音频特征分析与音频合成,完全可借助数字信号的频谱分析方法进行处理。但是,仅有音频特征而没有空间信息,无法体现出虚拟环境的立体感和真实感,因此虚拟环境中的声音定位是实现逼真三维音效的关键技术。

在数字音频处理理论中,使用头相关传输函数(Head-related Transfer Function,HRTF)来描述人的听觉系统对不同方位的声音所产生的频谱转换过程,其中就包括了双耳的时间差和声级差信息。HRTF 可以通过理论计算和实验测量获得。理论计算中常用的方法有边界元法、有限元法和逆有限元法(iFEM)等。通过理论计算获取 HRTF 需要较多的计算时间,不适用于实时应用。实验测量法通过测量获取真实空间听觉测量数据,然后经过特征提取,基于已知的测量数据预测非测量点上的数据,从而建立连续听觉空间。近年来,随着声音采集设备与多传感器阵列定位技术的发展,能够构建出复杂的虚拟场景声场,既使用户理解与完成了物理空间的运动,又利于渲染系统捕捉物理位置信息,形成沉浸式的听觉体验。

为进一步提升听觉渲染的真实感,研究者提出了声音纹理的概念,使用节点和域的方法对环境声音进行建模,如在声音节点中增加效果域,增强了三维声音的空间表现力,使听觉渲染更为逼真和富有沉浸感;在声音效果节点中设置预设域,从而简化了对环境声音的描述。

3. 力触觉渲染技术

视觉与听觉提供的都是非接触性感知信息。虚拟对象若能提供接触性感知信息,则能够更直接地增强用户的真实感、沉浸感,扩大虚拟现实的应用领域。力触觉渲染的目的就是要使用户在与虚拟对象进行接触性交互时能够获得逼真的力触觉。

力触觉渲染需要借助力触觉设备,并进行高效的力触觉信息处理,主要是碰撞检测和碰撞响应。当用户操纵力触觉设备时,设备会通过碰撞检测算法检测用户与虚拟对象的碰撞情况,若发生碰撞,就按照预定策略做出响应,提供虚拟对象的相关力触觉信息。由于人的触觉灵敏,力触觉渲染至少需要 1kHz 的刷新率才能给人以真实感。因此,高刷新率和快速计算成为力触觉渲染技术研究的重点。在进行力触觉渲染的碰撞检测时,通常采用计算机图形学中的碰撞检测方法,如空间剖分、细节层次(LOD)等,从而提高复杂场景的处理实时性,而这部分内容将在下文具体阐述。

除碰撞检测外,力触觉渲染还需要对物体表面的纹理进行模拟,通过反作用力的适当扰动,使用户能够感知并区分不同的物体表面。其中,反作用力可根据对象的几何和物理建模提供的属性计算得到,然后将其映射为触觉纹理。触觉纹理映射大致可分为基于图像的映射和基于过程的映射。当三维物体的表面纹理是由二维图像直接映射而成时,采用基于图像的触觉纹理映射,将纹理的二维纹理中的颜色和灰度信息映射为高度信息;也可以通过参数化的方法合成触觉纹理,例如使用噪声纹理,经过适当的扰动函数生成自然纹理。

4. 嗅觉与味觉表现技术

嗅觉是人体的重要感觉,让虚拟环境中的人感受到各种气味是虚拟现实研究的一项重点内容。嗅觉是由化学刺激而产生的,与视觉、听觉、力触觉有很大不同。研究人员曾试图模仿视觉中的颜色空间的概念,企图使用几种"基础气味"来合成任意气味。但研究表明,与气味有关的感受器至少有数百个,而且每个感受器可检测多种分子,所以上述思路的实现是相当困难的。

鉴于特定应用环境中所需要的气味并不是很多,所以目前主要研究气味的传播。例如,日本的千原国宏教授领导的研究组曾开发出一种嗅觉模拟器,用户把能放出香味的环状嗅觉提示装置套在手指上,环状装置里装着 8 个小瓶,分别盛着 8 种水果的香料。当用户戴上头戴式显示器后,就可在看到对应的水果时,用指尖把显示器拉到鼻尖上,位置感应器检测到环状嗅觉提示装置的位置与显示器接近,嗅觉提示装置就会根据显示器上的水果形象释放对应的香味。

由于味觉与化学物质、触觉和声音等诸多方面因素有关,故而表现难度很大,Hiroo Iwata 等人因此将其称为"虚拟现实的最后战线"。

4.1.2 虚拟现实视觉渲染的主要方法

虚拟现实视觉渲染技术的主要研究内容与计算机图形学的关系最为密切,大部分技术来源于计算机图形学中的真实感渲染技术和实时渲染技术。如 4.1.1 节所述,根据所依赖的几何信息的多少,可将虚拟现实视觉渲染分为基于几何的渲染、基于图像的渲染和几何与图像结合的渲染等。

1. 基于几何的渲染

基于几何的渲染方法处理的是虚拟对象的几何模型,其表示形式可能是网格、体素、点云,或是参数化的函数等。在经过几何建模后,虚拟对象具备了空间位置信息、表面、材质等属性。通过真实感光照计算等手段,可以得到具有较高真实感的渲染结果。早期真实感光照计算由于受限于计算复杂度,往往使用离线渲染(预渲染)的模式。近年来,随着实时真实感光照计算技术的发展,基于几何的渲染已逐渐被广泛应用于虚拟现实中。

1) 真实感光照计算

真实感光照计算是指在虚拟场景中模拟真实世界的光照条件,从而计算求得虚拟对象的视觉呈现。已有的真实感光照计算方法大致分为局部光照和全局光照。局部光照方法在计算虚拟对象某一点的亮度时,只考虑虚拟环境中所有预定义的虚拟对象;全局光照则将整个虚拟环境作为光源,不仅考虑其他虚拟对象对被渲染对象的直接影响,还考虑光线经反射、折射或散射后对被渲染对象产生的间接影响。相比局部光照模型,全局光照模型可大大增强渲染结果的真实感,也是目前研究的重点。经典的全局光照现象包括颜色渗透、阴影/软阴影、焦散、次级表面散射等,典型算法有光线追踪算法、辐射度算法、光子映射(Photon Mapping)算法等。

光线追踪算法认为光沿直线传播,因此通过模拟相机底片捕捉光线的方式,从焦点出发,向每一个像素的方向投射光线,由与此光线相交的虚拟对象的位置决定光线强度。早期的光线追踪算法主要处理镜面反射、透明物体折射等效果;蒙特卡洛光线追踪算法则以类似递归的思想,在光线发生折射或反射后,继续进行光线追踪,同时引入蒙特卡洛采样思想,随机发射光线,以降低计算开销。该方法可以很好地处理漫反射等效果。光线追踪类算法能够取得较高的渲染质量,但计算量较大,在实时环境中应用仍存在一定困难。辐射度算法的思想基于热传导理论,主要从光的能量传递角度进行处理。辐射度算法首先需要确定整个虚拟场景的能量分布,然后再将其渲染为一个或几个不同的视图。在渲染时,通过计算辐射度与虚拟对象表面,可以得到最终的光照强度。辐射度方法适用于求解不光滑的漫反射表面,但是计算量也很大,同样难以实时应用。近年来,利用神经网络来求解辐射度图以加速渲染过程成为研究热点,典型方法有神经辐射场(NeRF)等。光子映射算法首先由光源射出光子,并跟踪记录下光子在场景中的几次反射(也可能是折射)情况。渲染某一个像素时,收集这个像素周围一定半径内的光子,累加它们的值,得到这个像素的颜色。这种方法比较容易表现次级表面散射、焦散等渲染效果,在渲染具有复杂材质的对象时有一定优势。

2)复杂纹理映射

传统的纹理映射是指将具有颜色信息的图像附着在几何对象的表面,在不增加对象几何细节的情况下,提高渲染效果的真实感。随着实时渲染技术的发展,出现了更为复杂的纹理形式及相应的映射方法,典型方法包括凹凸映射、位移映射、视差映射和浮雕映射。

(1)凹凸映射利用扰动函数扰动虚拟对象表面的法线向量,以此来模拟虚拟对象表面的法线向量变化,从而影响其反射光亮度的分布,产生更真实、更富有细节的表面。与传统纹理映射的不同之处在于,传统纹理映射是把颜色信息加到多边形表面上,而凹凸映射是把高度信息加到多边形表面上,从而使多边形在渲染视觉上产生吸引人的效果。值得注意的是,凹凸纹理并未改变模型的实际形状,因此并不能对虚拟对象的轮廓线造成影响,而且不能改变遮挡和自阴影效果。

(2)位移映射根据高度图移动顶点的位置,移动的方向是法线方向,移动数值则由高度图确定。由于位移映射从实质上改变了虚拟对象表面的几何属性,所以它所表现的虚拟对象表面的立体感较强,然而计算量较大,难以用于实时渲染。

(3)视差映射是对位移映射的一种改进,它的输入需要一幅高度图和一幅法线图,高度图用来沿着视线方向偏移纹理坐标,从而实现比凹凸映射更加逼真的效果,同时所需计算量也不算大。视差映射使用逐像素深度的贴图扩展技术对纹理坐标进行移位,通过视差畸变赋予纹理高度外观。它可以在不使用大量多边形且计算量较小的前提下让材质具有深度感。视差映射与位移映射均不能产生自阴影效果。

(4)浮雕映射与视差映射的原理相似,都是通过图像的前向映射来模拟物体的三维效果,但它比视差映射更准确,而且支持自阴影效果。该方法使用图像变形和材质逐像素深度加强技术,能够在平坦的多边形上表现复杂的几何细节,深度信息是通过参考表面和采样表面之间的距离计算出来的。浮雕映射技术仅使用法线贴图就可以在一个平面上生成凹凸的立体效果,常用于渲染物体表面,同样计算量较大。

2. 基于图像的渲染

基于图像的渲染技术利用已有的多视角场景图像生成新视角下的结果图像。与传统的基于几何的渲染技术相比,不需要进行复杂的几何建模、物理建模,可使用较少的计算资源。所依赖的参考视点图像既可以是拍摄的真实数字图像,也可以是通过计算机几何建模生成的虚拟图像,方法的复杂程度不会因场景复杂度的变化而变化。下面介绍几种具有代表性的基于图像的渲染方法。

1)全光函数与全光建模

为了获得完整的图像场景描述,Adelson等提出了全光函数,在用户视角下描述任意时刻进入观察者眼睛的光线辐射信息。全光函数是一种理想状态下的建模思想,实际上由于无法获得完整的全光函数的 7 维参数,只能面向不同应用场合通过增加参数约束和缩减来简化所需参数,代表性的降维表示有光场、流明图等,二者通过不同的条件限制,将全光函数从七维降到了四维。

光场对视点的位置做了一些限制,在物体的小包围盒外再建立一个更大的包围盒,得到一个 4 维光场全光函数。它首先在摄像机平面上网格化以确定各网格摄像机位置下的图像,通过这些图像组成光学平面场,而光场的作用在于利用光束直线传播的原理得到对应光学平面的对应像素信息。由于各网格对应一幅图像,光场方法需要保存大量的结构化图像,相比其他方法对数据存储的要求大大增加。

2)全景图像

能表现全局场景的图像称为全景图像,它可以看作与视点无关的场景。目前有 3 种全景图像:球面全景图像、多面体全景图像和柱面全景图像。它们分别把视点空间看作球体、多面体和圆柱体。球面全景和多面体全景均可反映空间中任意方向的场景,处理难度比较大;柱面全景实际上是前两种全景的简化形式,没有顶盖与底盖两部分场景,限制了垂直方向的观察角度,但在水平方向是 360°视角,可满足大部分应用需要,处理起来简单,因此应用面比较广。

全景图像需处理的主要是图像拼接,其核心是寻找一个变换,使图像间重叠的部分对齐,并连成一个新的更大画面的视图,这主要涉及图像的匹配及变换。

3)视图插值

视图插值根据给定的参考视点图像来重建任意视点的图像。参考视点图像一般要满足一定变化规则,能在相邻采样点图像之间建立光滑自然的过渡,从而再现各相邻采样点间场景透视变换的变化。该方法在渲染新图像时,会因图像内容的投影区域及可见性发生的变化而出现新视图空洞区域。解决的方法通常是采用插值相邻像素,或在参考视点图像中寻找类似像素来填补引起的空洞。

4)分层深度图像

分层深度图像(Layer Depth Image,LDI)为了处理三维变形中的失真,不仅要存储输入图像的可见部分,还需存储可见表面后面的部分,这就是 LDI。在 LDI 中,每一像素都包含深度和颜色值,沿着每一视线包含有多个深度像素点,也就是带有深度信息的像素。在这种方法中,通常用一个二维阵列存储分层深度像素值,一个分层深度像素按从前向后的顺序存储某一视线的多个深度像素。当用 LDI 进行渲染时,如果新视点偏离原来的 LDI 视点,就可显示出第一层中看不到的图像。

5)其他绘制方法

视图变形法按照一定规则,通过考虑图元相关性对源图像局部进行偏移、扭曲、旋转等图元处理,产生新的虚拟图像。基于视图变形中不同的特征基元,图像变形算法分为控制点网格、自由曲线/曲面、特征、离散数据差值和频率空间等。

当具有一幅图像的深度信息时,三维变形技术(3D Warping)可用于描绘附近的视点。通过将原始图像的像素投影到它们正确的三维位置并重新投影到新的视点,可以从附近的点渲染图像。

3. 几何与图像结合的渲染

基于几何的渲染方法通常利用较多的已知信息，不局限于几何信息、表面属性信息、光源信息等，便于一些特殊效果处理，如光照计算、物体变形等。但是，由于计算量大，所以渲染效果与真实世界仍存在一定差异。基于图像的渲染方法由于使用直接获得的真实世界视频与照片作为输入生成结果图像，渲染的逼真度高，计算量小，但交互性较差。因此，在一些虚拟现实系统中，通常会将二者结合，根据所需渲染的对象采用不同的渲染技术。这类方法的难点在于处理几何一致性与光照一致性。几何一致性是指虚拟对象在透视上应该与真实场景的图像一致，并保持正确的遮挡关系；光照一致性是指虚拟对象与真实场景的图像应具有一致的光照效果，这就需要恢复出真实场景的光照模型，然后再计算真实场景光照对虚拟对象的影响。

4.1.3 大规模虚拟场景渲染的关键技术

对于虚拟现实的视觉渲染而言，除了要确保单个虚拟对象的渲染真实感之外，还需要考虑大规模虚拟场景渲染的技术挑战。目前，大多数的虚拟场景是由不同类型与数量的虚拟对象组成的。简单几何面片构成了虚拟对象，再由这些虚拟对象构成了整个虚拟场景。因此，几何面片的数量就成了衡量虚拟场景复杂性的重要指标之一。随着虚拟现实技术的发展，交互式虚拟场景规模更大、效果更逼真，这就使得几何面片数量不断增加。尽管计算机处理几何图形的能力不断提高，可以在一帧图像中处理的几何面片数也随之增长，但还是远远不能满足需求，同时复杂场景中的数据更加趋于多样性、动态性、复杂性，也使得大规模虚拟场景的实时渲染变得越来越困难。

为了解决大规模虚拟场景的实时渲染问题，一方面可以优化虚拟场景的几何复杂度，可以采取模型简化、细节层次管理以及单元分割等手段；另一方面，可以使用场景图（Scene Graph）、空间分割等场景组织技术，尽可能降低光照、碰撞检测等渲染任务的计算复杂度。此外，对大规模虚拟场景中自然景物（如云、水、毛发等）的渲染，能够极大地提升用户对虚拟场景的沉浸感，因此需要在确保实时性的前提下，尽可能地提升渲染的逼真性，还可以通过并行计算等技术进一步加速渲染过程。

1. 虚拟场景渲染优化技术

一个复杂的虚拟场景往往包含不同类型与数量的虚拟对象，其中每个虚拟对象又包含各种属性，因此会影响渲染的实时性。为了解决这一问题，可以从降低虚拟场景的几何复杂度入手，通过渲染优化技术，实现可以实时交互的大规模虚拟场景渲染，同时保证渲染质量不会产生较大的降级。常用的优化方法有细节层次（LOD）管理技术、几何模型简化（Model Simplification）技术和单元分割（Cell Segmentation）技术等。

1）细节层次管理技术

细节层次管理技术是指对虚拟场景中的不同虚拟对象采用多种几何细节层次进行管理。具体而言，针对每个虚拟对象，以多种几何细节层次进行储存，以便在渲染阶段能够动态加载不同数据量的负载，从而满足实时性要求。虚拟对象可保存为不同细节层次的几何模型，当虚拟对象离观察者较近时，使用具有最多细节的几何模型；而当虚拟对象远离观察者时，则使用细节较少的模型，以此类推。

2）几何模型简化技术

不同类型的虚拟现实系统对渲染的视觉精细度有不同需求。因此,对于实时性要求较高的网络传输、移动终端等轻量化应用,可以对虚拟对象的几何模型进行简化,从而减少渲染的时间开销。针对不同的几何模型表示方式,可以采用不同的简化方法。例如,对网格来说,可以使用顶点聚类算法合并几何特征不明显的顶点,从而降低几何模型的复杂度;也可以在几何误差范围与确保几何拓扑不变的前提下删除若干点、线、面等几何元素。此外,还可采用视点相关的 LOD 以及渐进 LOD,前者根据观察视点自适应地构建几何模型的细节层次表示,后者则记录了几何模型细节层次表示的简化操作。这两种方法主要用于远程渲染等对网络带宽要求较高的应用中。

3）单元分割技术

将虚拟场景分割成较小的单元被称为单元分割。当虚拟场景被分割后,只有在当前虚拟场景中的对象才被渲染,因此可极大地减少待渲染部分的几何复杂度。这种分割方法对大型建筑场景是非常适用的。在分割后,建筑场景的大部分在给定的视角中是不起作用的。每个视角中的多边形数基本不随视点的移动而变化,除非越过某个阈限(例如从一个房间到另一个房间,此时的单元大致是房间)。对于某些结构规整的虚拟场景,这种分割很容易自动实现。此外,对于那些分割后一般不再轻易变化的虚拟场景,可以在预计算阶段离线进行。

2. 虚拟场景组织技术

除了降低虚拟场景的几何复杂度外,另一种解决大规模虚拟场景实时渲染的思路是降低大规模虚拟场景中诸如光照计算、碰撞检测、裁剪等任务的算法复杂度。一个虚拟场景可能由上百万或者上千万个多边形组成,当对其进行相交测试时,其时间复杂度会随着多边形数量的增加而呈线性增长。例如,对一个包含 n 个三角形面片的虚拟对象和一个由 m 个三角形面片组成的虚拟对象进行碰撞检测,要精确地找到两个虚拟对象碰撞的几何面片的复杂度为 $O(mn)$,如果不对几何图元进行组织,当面片数量较大时,碰撞检测就很难达到实时。

因此,为了加快处理速度,通常需要将虚拟场景按照某种数据结构进行空间划分,从而能够快速地排除不需要的计算,降低面片数量对算法复杂度的影响。以二维空间为例,若通过二分法将场景组织为一棵二叉树,则上述碰撞检测的时间复杂度将降为 $O(\log mn)$。目前,常用的空间数据结构表示方法有场景图、基于空间细分的数据结构,以及近年来较为常用的包围体层次结构等。

1）场景图

场景图是一种较高层次的数据结构,它包含了能够定义虚拟场景的所有信息,既有如图元的顶点、颜色、法向量这样的底层信息,也有如物体的变幻、细节层次、渲染状态、光源等高层信息。所有这些要素都可以用树来表示,然后对这棵树进行深度优先遍历,从而实现光照计算、碰撞检测等操作。

为了管理方便,同时也为了降低复杂度,场景图通常都是由一系列不同类型的节点构成,这些节点包含了不同的信息,并按层次结构组成一个图的结构。场景图中的每个节点通常有一个包围盒,叶节点存储实际的几何信息。在某种意义上,每个图形应用程序都有某种形式的场景图,如图 4.1 所示。其中图 4.1(a)为场景图的数据组织结构,图 4.1(b)为场景图中节点的说明。

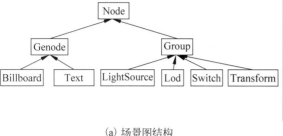

Node	基本节点类型
Geonode	几何节点
Billboard	布告板，以图像方式绘制
Text	动态文本显示
Group	组节点，由多个相关子节点组成
LightSource	光源
Lod	层次细节
Switch	多个子节点开发选择
Transform	几何变换节点

　　　　　　(a) 场景图结构　　　　　　　　　　　　　　(b) 节点类型描述

图 4.1　场景图数据结构

　　场景图结构最大的优点是真实地描述了虚拟场景中虚拟对象的逻辑组织结构，便于操纵虚拟对象，并能支持重用和扩展，提高图形软件的开发速度。但这种方法以虚拟对象为单位，根据虚拟对象的逻辑关系来组织场景的数据，使在场景图中的查询操作效率变得较低。对于外存场景来说，以虚拟对象为单位来组织虚拟场景，并不能将虚拟场景的数据划分为比较均匀的数据块，因为不同虚拟对象的数据量可能差别很大，有时仅单个虚拟对象的数据量可能就达到百兆字节，因此在数据调度过程中可能会出现大量的数据读入，较难控制，从而影响实时性。

　　2）基于空间细分的数据结构

　　基于空间细分的数据结构主要有二叉空间剖分树（Binary Space Partitioning Tree，BSP-Tree 或简称 BSP 树）和八叉树（Octree）等。

　　BSP 树是用来对 N 维空间中的元素进行排序和查找的二叉树。BSP 树表示整个空间，其中任意一个节点表示一个凸集子空间。每个节点包含一个超平面，将这个节点表示的空间剖分成两个半空间。每个节点除了保存其两个子节点的引用以外，还可以保存一个或多个元素。在二维或者三维空间中，BSP 树的基本思想是空间中的任何平面都将整个空间剖分成两个半空间，所有位于该平面某一侧的点定义了一个半空间，位于另一侧的点定义了另一个半空间。根据这种空间剖分的方法，就可以建立起对整个虚拟场景及其中各种虚拟对象的描述。如果按照一定的方式对 BSP 树进行遍历，那么会从某个视点将这棵树所包含的几何体进行排序。根据剖分平面的选择方法的不同，又可以进一步分为轴对齐 BSP 树和多边形对齐 BSP 树。

　　轴对齐 BSP 树首先将整个虚拟场景包围在一个长方体盒子中，然后以递归的方式，选择盒子的一个轴，生成一个与之垂直的平面，将盒子剖分为两个小盒子。对轴的选择也有两种策略，一种是沿轴进行周期循环，即对于三维空间来说先沿 x 轴对包围盒进行剖分，然后再沿着 y 轴对子节点的包围盒进行剖分，最后沿 z 轴对孙节点包围盒进行剖分，以此为周期循环选择剖分轴，采用这种策略的 BSP 树也称为 KD 树（K-Dimension Tree）。另一种策略是每次都找到盒子的最长边，沿着这条边的方向对盒子进行剖分，剖分点的选择通常在图元的平均点或者中间点。

　　多边形对齐 BSP 树则是将虚拟场景中的多边形作为分隔物对空间进行剖分。也就是说在根节点处选取一个多边形，用这个多边形的所在平面将场景中剩余的多边形分为两组，然后在剖分平面的每个半空间中继续这样剖分，直到所有的多边形都在 BSP 树中。图 4.2

展示了一棵多边形对齐 BSP 树的构造过程。其中,M、M1、M2、M3 按顺序表示了每一次选择的剖分平面,如图 4.2(a)所示,通过 4 次空间划分,最终得到图 4.2(b)所示的二叉树。

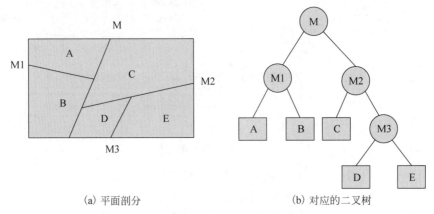

(a) 平面剖分　　　　　　　　　(b) 对应的二叉树

图 4.2　多边形对齐 BSP 树的构造

BSP 树的好处在于可以构造较好的平衡树,尤其是当场景中对象不均衡分布时,从而减少树的深度。在实时渲染或者相交测试时,这样可以快速遍历整个树,起到加速的作用。

八叉树是另一种空间剖分数据结构,类似于轴对齐 BSP 树。沿着长方体包围盒的三条轴对长方体进行同时剖分,剖分点必须位于这个包围盒的中心,这样一个包围盒就能生成 8 个新的等大小的小长方体包围盒。这种剖分方式可以得到比较规则的结构,从而使得一些查询操作变得高效。

八叉树的构造首先将整个虚拟场景包含在一个最小的轴对齐包围盒中,然后递归地按以上方法进行剖分,直到满足某个准则即停止。这个准则可以使节点中的图元数目小于某个阈值或者树的深度大于某个阈值,最终的几何图元都保存在相应的叶节点中。八叉树可以应用于碰撞检测,也可以应用于各种渲染加速算法中,其在二维空间下的数据结构表示为四叉树。在图 4.3 中,从左向右依次展示了四叉树的空间剖分过程。

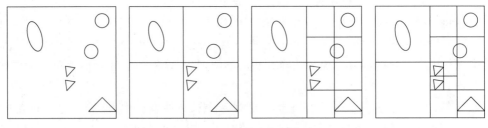

图 4.3　四叉树的空间剖分过程

由于传统的八叉树对虚拟场景进行规则的划分,无法避免地存在面片跨多个节点的情况,通常的解决方法是将跨节点的面片保存在多个叶节点中,或者保存在能够包含它的最小的节点中(不一定是叶节点)。例如,松散八叉树(Loose Octree)与传统八叉树的基本思想一样,只是每个长方体节点的大小选择比较宽松,通过使用较大的包围盒,就可以减少穿过剖分平面的物体或面片的数量。

3) 包围体层次结构

包围体层次结构(Bounding Volume Hierarchy,BVH)是包含一组虚拟对象的空间体,但比所包含的虚拟对象的几何形状简单得多,因此使用包围体进行相交测试的速度要比使用虚拟物体本身快得多。包围体层次是虚拟场景实时渲染最常用的一种空间数据结构,例如包围体层次通常用于层次视锥裁剪中。场景以层次树状结构进行组织,包含一个根节点、内部节点以及叶节点。常见的包围体有球体、轴对齐包围盒、有向包围盒等。包围体对渲染图像的视觉效果没有什么作用,通常用于加速渲染和各种计算的查询。

包围体层次可以适用于动态虚拟场景。当包围体中的虚拟对象移动时,只要简单检查一下这个虚拟对象是否位于其父节点的包围体中即可。如果虚拟对象在这个包围体中,则BVH 依然有效,否则就删除这个虚拟对象所在的节点,并重新计算其父节点的包围体。然后,从根节点开始,以递归的形式将这个节点插入树中。

当虚拟场景中有大量的移动虚拟对象更新操作时,包围体层次树会变得越来越不平衡,效率越来越低。当虚拟对象的位置发生移动后,包围体需要频繁更新,占用较多的计算资源,这正是 BVH 方法的缺点所在。

3. 自然景物的渲染技术

由于自然景物远比大多数人造物体复杂,因此自然景物的渲染一直是计算机图形学中最具挑战性的问题之一。随着虚拟现实技术的发展,研究人员针对自然景物提出一系列基于物理和基于图形图像的渲染方法。这些渲染方法依赖于自然景物的建模,尤其是物理建模,如第 3 章提到的粒子系统等。在某种程度上,自然景物的建模与渲染任务往往难以区分,常常在建模的同时完成了渲染。因此,在不加区分的情况下,可以将这种既包含建模又包含渲染的任务统称为"模拟"。下面介绍几种典型的自然景物模拟技术。

1)水波的模拟

水在不同情况下形态各异,而且在表现上也有特殊的要求,因而模拟起来也具有一定的难度。现有的水波模拟方法大致可以分为三类:第一类是基于构造的方法,用数学函数构造出水波的外形,然后变换时间参数生成水波,这类方法能基本满足视觉上的效果,但不能反映水流的规律;第二类是基于物理的方法,从水波的物理原理出发,通过求解流体力学方程,得到流体质点在各个时刻的状态,这类方法达成的效果比较真实,但计算复杂,效率很低;第三类方法则采用粒子系统,主要用于模拟雪花、浪花、瀑布等形态。

2)毛发的模拟

毛发的模拟能够有效地增强含有动物、人体等有机生物体的虚拟场景的真实感。早期的毛发模拟曾采用过程纹理或体积纹理,也有使用粒子系统的。近年来,往往先对毛发进行几何建模,将每根毛发建模成三角形面片或圆锥体,然后进行光照计算,从而得到令人满意的渲染效果。这类方法计算量大,无法满足实时要求。另一类方法则是将毛发看作半透明的圆柱体,采用全局光照算法渲染。在此过程中,使用类似参与介质的渲染方法,设计毛发的多次散射模型,较之路径追踪算法在效率上有所提高。

3)植物的模拟

由于外观种类繁多,几何复杂度高,对植物的模拟成为一项具有相当难度的技术。利用手工方式对植物进行模拟十分耗费人工。早期研究者利用分形技术,递归地生成植物,但基于分形技术建模的植物往往是示意性的,与真实的植物样貌差异很大。此外,分形模型由于几何细节较多,对其使用全局光照算法计算量较大,难以满足实时性要求,所以目前大多数情况下,只把植物看作纹理,使用纹理映射技术得到具有一定真实感的视景。

4. 并行渲染技术

并行渲染利用多个处理器并行工作提高渲染速度,其基础原理是几何模型的渲染具有可并行性。典型的渲染流水线包括几何转换和光栅化两部分。前者将几何模型从物理空间转换到屏幕空间,后者将几何图元转换为栅格化的二维图像。在渲染流水线前端的图元之间,以及后端的像素片元之间,存在着弱数据相关性,而且整个流水线可以被分解成单独的模块。因此,虚拟对象的渲染天然具有功能并行性和数据并行性,易于实现并行处理。例如,在光线追踪算法中,可以将椎体分为 n 部分,同时发射 n 条光线并行处理。

根据并行在渲染流水线中发生的阶段,可以将并行渲染技术分为三种类型:Sort-first、Sort-middle、Sort-last。

Sort-first 是指在渲染流水线的初始阶段就将虚拟对象的图元分配到不同的渲染处理器,并将屏幕划分成不连贯的区域,使每个渲染处理器负责影响一个或多个屏幕区域的渲染工作,其特点是对流水线介入较浅,通信量较小,适合软件实现,但可扩展性有限,而且受最初的渲染处理器之间屏幕区域分配策略的影响,所处理的区域可能团簇在屏幕的几个地方,导致渲染负载不平衡。

Sort-middle 是指在渲染流水线的中间阶段(几何转换与光栅化之间)分配图元。在这种方法中,在图元通过几何变换得到屏幕上的坐标之后,将图片分配给不同的渲染处理器独立地进行光栅化,最后所有渲染处理器的光栅化结果拼接成最终显示的图像。这种方法易于模块化处理,在一定程度上符合渲染流水线的自然形态,适合硬件实现;缺点是易受不同渲染处理器之间图元分配策略的影响,也有可能导致渲染负载不均衡。

在 Sort-last 方法中,直到判定可见性阶段,即光栅化的最后阶段,才重新将像素分配给不同的渲染处理器。这种方法也适合硬件实现,而且由于在渲染的最后阶段进行像素分配,有效解决了渲染处理器团簇所引起的负载不平衡问题。但这种并行模式通信量很大,一般采用压缩技术减少数据的传输量。

下面将围绕大规模虚拟场景渲染的基本内容,分别介绍虚拟场景渲染优化与虚拟场景组织的实例。

4.2 场景组织实例——大规模虚拟场景实时碰撞检测

4.2.1 背景知识

1. 碰撞检测基本原理

碰撞检测是虚拟场景渲染中的重要任务之一,大致可分为空间角度的碰撞检测与时间角度的碰撞检测两类。

1)空间角度的碰撞检测

空间角度的碰撞检测主要判断的是在某一固定时刻,虚拟对象之间是否发生碰撞。根据技术路线的不同,它又可分为基于物体空间的碰撞检测和基于图像空间的碰撞检测。前者主要利用虚拟对象的几何属性进行求交计算,后者则主要利用虚拟对象在二维空间上的投影或深度信息来判断是否相交。

(1)基于物体空间的碰撞检测。基于物体空间的碰撞检测一直是研究的重点。根据虚拟对象几何模型的表示方式,可进一步分为面向网格表示的碰撞检测法与面向非网格表示的碰撞检测法。其中,由网格表示的几何模型,其表面往往形成一个闭包,由此可以确定虚拟对象的内部和外部区域。对这类几何模型表示方式,常见思路是利用网格的特征,如顶点、边和面等进行相交检测。非网格表示主要包含隐式曲面(Implicit Surface)、参数曲面(Parametric Surface)等。其中,隐式曲面也能明确定义物体的内部和外部,一般具有封闭性,通过设计面向特定曲面函数的求交计算来判断碰撞是否发生。参数曲面要更为复杂一些,因为其一般情况下是不封闭的,但参数曲面比隐式曲面更易于用多边形来离散化逼近表示,因此可以将其转换为网格后再进行计算。

由于虚拟场景规模较大,当虚拟对象数量增加时,碰撞检测的查询效率往往不能满足实时渲染的需要。因此,利用虚拟场景组织技术可以提升碰撞检测算法的查询效率,快速找到求交计算的虚拟对象。常见的用于碰撞检测的场景组织技术有空间剖分法和包围盒层次树法等。这两类技术的总体思想都是通过空间结构高效查询的特点,尽可能减少进行精确相交的虚拟对象对或基本几何元素的个数来提高碰撞检测算法的效率。区别在于,空间剖分法采用对整个虚拟场景进行层次剖分来实现,而包围盒层次树法是对虚拟场景中每个虚拟对象或局部几何构建合理的包围盒层次树来实现。这两类方法也常常同时使用,从而在不同的粒度上排除不必要的相交测试计算。常见的空间剖分法有均匀剖分、BSP树、八叉树等,这类方法效率较高,然而在处理不同虚拟场景和具有不同几何复杂度的虚拟对象时,难以保持比较稳定的检测效率。包围盒层次树根据所选用的包围盒可分为包围球层次树、AABB层次树、OBB层次树,以及混合包围盒层次树等。不同包围盒层次树的碰撞检测算法各有优劣,应视具体情况使用。

(2) 基于图像空间的碰撞检测。基于图像空间的碰撞检测一般利用图形硬件(如GPU)对虚拟对象的二维图像或深度信息采样来判断两个虚拟对象是否相交。这类算法的实现比较简单,而且可以有效利用图形硬件的高性能计算能力,缓解CPU的计算负荷,在整体上提高碰撞检测算法的效率。然而,这类算法也存在比较明显的缺陷:其一,图形硬件渲染虚拟对象时本身固有的离散性不可避免地会带来计算误差,无法保证碰撞检测结果的精确性;其二,基于图像的碰撞检测在处理多边形尤其是凸多边形时效率较高,但难以处理由非凸或非多边形表示的几何模型;其三,在实际渲染中,还要考虑平衡碰撞检测与其他渲染任务对GPU的占用。

2) 时间角度的碰撞检测

除了考虑固定某一时刻的虚拟对象相交状态,还需要考虑虚拟对象在运动中可能发生的碰撞状态。常见的时间角度碰撞检测方法可分为离散碰撞检测和连续碰撞检测等。

离散碰撞检测方法在每个时间采样点上,利用类似上述空间角度的碰撞检测来实现,但它更注重算法效率。例如,可以利用插值等方式减少不必要的计算开销。然而,这类方法受限于时间采样步长,往往存在穿透或遗漏等现象。例如,时间采样步长较大时,两个虚拟对象可能已经发生了一定深度的穿透才被检测到,这就是所谓的"穿模"。

连续碰撞检测方法一般涉及四维时空或结构空间精确的建模。这类方法能够较好地解决离散碰撞检测方法存在的上述问题,但计算速度通常比较慢,难以满足大规模虚拟场景的实时碰撞检测的要求。

2. OBB 层次树

1) OBB 的构造

碰撞检测技术中所用的包围盒需满足两个特性：简单性和紧密性。简单性是指包围盒间进行相交测试时需要的计算量要尽可能小，这不但要求虚拟对象的几何形状要简单容易计算，而且要求相交测试算法简单快速；紧密性则要求包围盒尽可能地贴近被包围的虚拟对象，这一属性直接关系到需要进行相交测试的包围盒的数量，紧密性越好，参与相交测试的包围盒数目就会越少。

碰撞检测使用最多的包围盒有包围球、AABB、OBB 等。包围球和 AABB 几何形状简单，容易构造，相交测试算法简单；OBB 比较复杂，构造过程的计算量比较大，但可以在实时运行前预计算，因此 OBB 的构造不影响系统的实时运行，且它的紧密性是比较好的，可以有效排除明显不相交的虚拟对象，大大减少参与相交测试的包围盒的数目，因此总体性能要优于 AABB 和包围球。此外，当虚拟对象发生平移或旋转后，只要对 OBB 进行同样的平移和旋转，不需要重新构造包围盒。因此，对于刚体间的碰撞检测，OBB 是一种较好的选择。

给定一个虚拟对象，其 OBB 被定义为包含该虚拟对象且方向任意的最小的长方体。OBB 的计算关键是寻找最佳方向，并确定在该方向上包围虚拟对象的包围盒的最小尺寸。为此，计算 OBB 的方法主要是利用顶点坐标的一阶和二阶统计特性，首先计算顶点分布的均值 μ，将它作为包围盒的中心，然后计算协方差矩阵 C。

以三角形网格为例，设第 i 个三角形的顶点分别用 p^i、q^i、r^i 表示，则均值 μ 和协方差矩阵 C 的计算公式如下：

$$\mu = \frac{1}{3n} \sum_{i=1}^{n} (p^i + q^i + r^i) \tag{4.1}$$

$$C_{jk} = \frac{1}{3n} \sum_{i=1}^{n} (p_{ij}p_{ik} + q_{ij}q_{ik} + r_{ij}r_{ik}), \quad 1 \leqslant j, k \leqslant 3 \tag{4.2}$$

其中，n 为三角形的数目，$p_i = p^i - \mu$，$q_i = q^i - \mu$，$r_i = r^i - \mu$ 为三维空间中的向量，C_{jk} 为 3×3 协方差矩阵 C 中的元素。协方差矩阵 C 的三个特征向量是正交的，正规化后可作为一个基底，它确定了 OBB 的方向。最后将虚拟对象的所有顶点投影在三个轴向上，计算出在三个轴向上的最大值和最小值，以确定该 OBB 的大小。

2) OBB 层次树的构建

OBB 层次树的构造方法一般可以分为自顶向下和自底向上两类。自底向上的方法实质上是由分散到集中的过程。仍然以三角形网格为例，首先对每一个三角形面片构造自己的 OBB，然后进行合并生成父节点 OBB，过程一直进行到所有的 OBB 聚集在一起构造成一个树形结构。自顶向下的方法则从所有的三角形面片开始，递归细分，直到所有叶节点都只包含一个面片。

自顶向下的方法与自底向上的方法相反，给定一组三角形面片的集合，为找出一个合适的 OBB，首先选择长边作为分裂轴，长边中点或特征点作为分裂点，由分裂轴和分裂点确定分裂平面（即过分裂点且垂直于分裂轴的平面），从分裂平面进行划分生成两个 OBB，此过程递归进行直到 OBB 不可分解为止，如图 4.4 所示。

图 4.5 展示了一个拥有 8000 个三角形面片的恐龙模型所建立的 OBB 层次树结构。

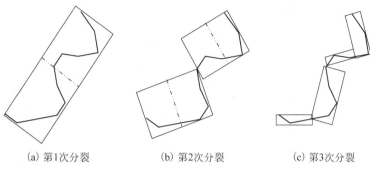

(a) 第1次分裂　　　　　　(b) 第2次分裂　　　　　　(c) 第3次分裂

图 4.4 OBB 层次树构建中分裂过程示意

图 4.5 恐龙模型 OBB 层次树结构

4.2.2 基于外存的大规模虚拟场景实时碰撞检测

随着数据获取技术和设备的不断发展,虚拟场景的模型数据量迅速增大,甚至已经超过了目前普通 PC 内存的容量。图 4.6 展示了北卡罗来纳大学提供的电厂场景。该虚拟场景拥有 13 000 000 个三角形面片,为其建立完整的 OBB 层次树结构需要的 OBB 约为 260 000 000 个,总计需要 1.8GB 的空间来存储 OBB 层次树的结构信息,再加上虚拟场景本身的几何数据,总存储量超过了 2GB。由此可见,直接在内存中为整个虚拟场景建立 OBB 层次结构显然是不合理的。因此,必须首先将虚拟场景进行划分,将完整的虚拟场景数据存储在外存中,而仅将划分后的每个数据块送入内存进行实时处理。

使用外存进行碰撞检测,除了算法复杂性的增大,在运行阶段还需要实时读取外存的数据,对碰撞检测的速度造成较大影响。而要较好地支持多人协同的虚拟场景,又必须实时地向用户反馈碰撞信息并进行相应处理。因此,解决在有限内存下与外存模型进行实时碰撞检测,提高碰撞检测的效率,对保障虚拟现实应用的实时性有重要意义。这里介绍一种基于外存模型的大规模虚拟场景实时碰撞检测算法,算法整体流程如图 4.7 所示。

算法主要分为两个阶段:离线阶段与实时阶段。离线阶段的主要任务是对虚拟场景进行组织。对外存模型来说,不仅需要较高的查询效率,还需要将虚拟场景按空间剖分为可读

图 4.6　电厂场景

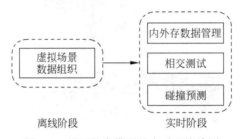

图 4.7　基于外存模型的实时碰撞检测

入内存的数据块,并提供实时调度的信息。由于进行碰撞检测的数据量大,在实时阶段首先需要对内外存的数据进行有效的管理,实现数据的内外存调度,然后依次完成相交测试与虚拟对象的碰撞预测。

1. 算法实现

1) 虚拟场景数据组织

由上文的分析可知,对于基于外存的虚拟场景,需要将虚拟场景剖分为能够读入内存的子数据块,这里选用八叉树对虚拟场景进行剖分和组织。传统基于内存模型的八叉树结构将虚拟场景数据直接存储在八叉树相应的叶节点内,当虚拟场景复杂度高时是无法实现的。因此,这里使用外存索引的八叉树结构。与内存模型的八叉树不同,在外存索引的八叉树中,每个叶节点并不保存实际的几何信息,而是保存本节点中的几何信息所对应的外存文件的索引。整个外存索引八叉树结构下的虚拟场景数据组织流程如图 4.8 所示。

算法首先对场景数据进行剖分,将虚拟场景剖分为多个内存能够容纳的数据块,这样的分块并不能保证块内数据的局部性,只是保证每一块能够一次性读入内存进行处理。分块方法可以非常简单,不超过容许的内存上限即可。若虚拟场景是由三角形网格表示的,那么每个数据块中的三角形面片信息由一个索引网格(Indexed Mesh)表示,其中每个三角形面片由三个索引号组成,表示组成此三角形的三个顶点在顶点集合中的序号。

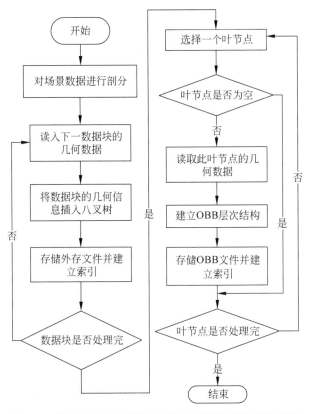

图 4.8 外存索引八叉树结构下的虚拟场景数据组织流程

初始时，索引八叉树只有一个包含整个场景的空节点。对于剖分后的每个数据块，分别将其中的顶点和三角形自顶向下插入八叉树中。首先插入数据块中的所有顶点，对每个顶点找到包含它的叶节点，将顶点加入此叶节点的顶点列表，如果顶点数量超过了预定阈值 h，则在此节点下再创建 8 个子节点，然后在子节点中重新分配原叶节点下的顶点。顶点插入完毕后，接着插入此数据块中的所有三角形。对每个三角形，找到与之相交的叶节点，由于三角形可能跨越多个叶节点区域，将在与它相交的每一个叶节点中均存储一份数据，而重复存储的三角形可能会导致叶节点的顶点数目增多，因此再次检查节点中的顶点数是否超过预定阈值 h，并据此创建新的子节点。

对于每一个剖分得到的数据块来说，其所有几何数据能够全部读入内存然后再进行插入操作，而每完成一个数据块的插入，便会将当前八叉树非空叶节点中的几何数据保存为单独的文件并建立索引，然后删除其几何数据所占内存空间，接着读取并插入下一个数据块，整个过程中八叉树的层次结构始终保存在内存，并随着插入过程而更新。将前一个数据块插入之后得到的叶节点称为原叶节点。在当前块数据的插入完成后，可能会导致某些原叶节点中插入新的数据或者因为顶点数目增多并大于预定阈值 h，从而成为一个中间节点，这种情况下需要重新读入原叶节点中的几何数据，然后再插入以原叶节点为根节点的子树中，最后更新相应的文件。这样做的好处在于，这些插入操作都是局限于当前的原叶节点，不会涉及从外存读取其他叶节点的数据。如果原叶节点变为了中间节点，它的几何数据将重新分配到其子节点中，并且删除其索引所对应的文件，最后为新的子节点创建文件并建立索引。当所有的数据块处理完后,将最终的八叉树的层次结构信息保存到 Octree file 文件中。

在索引八叉树构造完成之后,所有的叶节点已经将整个虚拟场景按空间位置划分成较小的区域,每一区域的数据量由最大顶点阈值 h 所限制,均能够一次读入内存进行处理,因此遍历整个八叉树,得到所有非空叶节点,然后分别读取每个节点所对应的几何信息,为其建立包围盒层次结构,并保存为文件,再与相应节点建立索引。

最终,虚拟场景的空间结构分为两个层次,首先是整个虚拟场景的索引八叉树结构,然后是为八叉树的每个叶节点中的几何信息建立的包围盒层次结构。其中,每个非空叶节点的几何信息和相应的 OBB 层次树结构信息分别保存为单独的外存文件,最后将整个八叉树的层次结构信息也保存为一个单独的文件。所有外存文件的总存储量大小随着虚拟场景复杂度的增加而增大,最终将超过内存容量。然而在这一过程中,索引八叉树只保存了八叉树的层次结构信息,并不会随着场景复杂度的增加而增加,因此可以完全读入内存。通过预处理后虚拟场景的数据组织如图 4.9 所示。

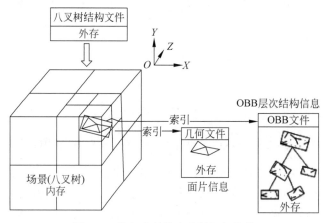

图 4.9　外存索引的八叉树组织结构

2）内外存数据管理

在基于内存的碰撞检测算法中,由于虚拟对象的几何信息和包围盒层次结构信息能够完全读入内存进行处理,不需要实时调入新的数据,因此不需要进行外存数据的读取操作。而在使用外存进行碰撞检测时,每次进行精确碰撞检测之前,都需要保证相应待检测的数据已读入内存,如果数据不在内存,则需要等待相应的读取操作。由于内存的容量有限,内存数据饱和时又需要删除之前用过的数据,为当前所需的数据释放内存空间。因此,在实时运行阶段,需要维护一个数据缓存来对内存中的数据进行管理并达到数据的有效调度。

在为虚拟场景建立了索引八叉树结构后,八叉树的所有叶节点相当于对虚拟场景的一个剖分,而每个叶节点中的几何信息量由叶节点的最大顶点阈值限制在较小的范围,因此在数据缓存的管理和调度中以八叉树的叶节点为基本单位。叶节点的索引包括几何文件和 OBB 文件,因此在数据调度时每个叶节点都包括几何面片数据和相应的 OBB 层次结构数据。由于不同叶节点中的几何图元数量并不相等,对应文件的数据量大小也不同,因此数据缓存管理调度的基本单位不是固定大小的,会随着所调入的叶节点的几何图元数的不同而具有不同的大小,如图 4.10 所示,每个调入缓存的叶节点对应一个数据块,数据块的数据是同时调入或替换的,并且由于每个叶节点中几何面片的数量不同,因此数据块的存储空间大小也不同。

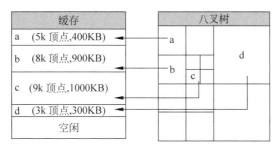

图 4.10　缓存中的数据块与八叉树节点的关系

缓存的总容量大小可以根据实际内存的容量来设置,只要保证内存的使用量限制在一定范围,避免操作系统启用自身的虚拟内存换页机制,因为这种换页机制不会考虑实际应用的需求,效率相当低下。当向缓存申请获取新的外存数据时,如果缓存的剩余空间已无法容下所需的数据时,就需要删除部分已读入的数据,为当前所需的数据释放内存空间。虚拟对象在虚拟场景中的运动具有连续性,其与虚拟场景的碰撞也具有时空连续性,即上一次发生碰撞的叶节点很可能在接下来也发生碰撞。因此,为了规避刚调入内存的数据不久后又被删除的情况,在数据调入调出时采用最近最少未使用策略,利用数据访问的局部性来提高数据的命中率,防止局部时间内对相同数据反复调入调出带来的额外开销。缓存的数据管理流程如图 4.11 所示。

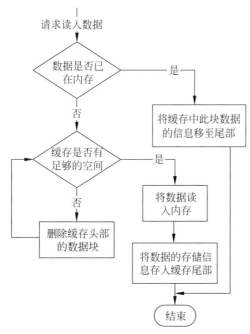

图 4.11　缓存的数据管理流程

3）相交测试

使用 OBB 层次树进行碰撞检测,其目的是通过两个虚拟对象的包围盒树中各节点所对应的 OBB 间的相交测试,及早排除不可能相交的基本几何元素对。因此,OBB 间的相交测试的速度直接影响碰撞检测的速度。常见的 OBB 相交测试是基于分离轴理论的，如图 4.12 所示。

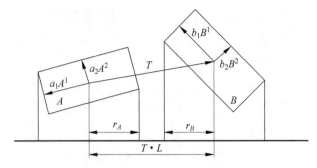

图 4.12　分离轴原理示意

首先将两个 OBB 的中心投影到轴上，然后计算投影间隔的半径 r_A 和 r_B。如果两个 OBB 的中心间距的投影 $T \cdot L$ 大于半径之和 $r_A + r_B$，那么两个 OBB 不相交。

对于采用 OBB 层次树结构组织的物体的碰撞检测问题，可以归结为 OBB 层次树的遍历问题。假设有两个虚拟对象，分别为它们建立 OBB 层次树。在树中每个节点上的包围盒都对应于组成该虚拟对象的基本几何元素集合的一个子集，根节点为整个虚拟对象的包围盒。基于 OBB 层次树的碰撞检测算法核心就是：通过遍历这两棵树，确定在当前位置下，两个虚拟对象是否发生碰撞。这是一个双重遍历的过程，算法首先用一个虚拟对象的 OBB 层次树的根节点遍历另一个虚拟对象的 OBB 层次树，如果能到达叶节点，再用该叶节点遍历第一个虚拟对象的 OBB 层次树，如果能到达该虚拟对象的叶节点，则进一步进行基本几何元素的相交测试。如果两个节点上的包围盒不相交，则它们所包围的虚拟对象的基本几何元素的子集必定不相交，从而不需要对子集中的元素做进一步的相交测试。整个算法可以使用递归实现，如图 4.13 所示。

算法：OBB 层次树相交测试 CD_Recursive		
1	**if**	A 与 B 的包围盒相交 **then**
2	**if**	A 与 B 均为叶节点 **then**
3		进行面片间的相交测试，并返回结果
4	**else if**	A 为叶节点 **and** B 不是叶节点 **then**
5		CD_Recursive(A, B 的左子节点)
6		CD_Recursive(A, B 的右子节点)
7	**else if**	A 不是叶节点 **and** B 是叶节点 **then**
8		CD_Recursive(A 的左子节点, B)
9		CD_Recursive(A 的右子节点, B)
10	**else**	
11		CD_Recursive(A, B 的左子节点)
12		CD_Recursive(A, B 的右子节点)
13		CD_Recursive(A 的左子节点, B)
14	**end**	CD_Recursive(A 的右子节点, B)
15	**end**	

图 4.13　OBB 层次树相交测试算法

4）碰撞预测

基于外存的碰撞检测需要实时地调入当前碰撞检测计算所需的数据，当数据不在内存时，就必须从外存读入，从而造成碰撞检测计算等待外存数据。低速的磁盘 I/O 操作将极大地影响碰撞检测的实时性。

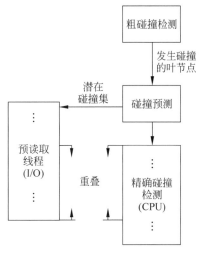

考虑到碰撞检测具有时空连续性的特点，以及八叉树对场景规则的划分，可以考虑一种基于八叉树邻居的碰撞预测方法来得到潜在碰撞集。由于潜在碰撞集中的数据读取与当前帧的精确碰撞检测计算（面片级的相交检测）是相互独立的，并且磁盘 I/O 操作占用较少 CPU 时间，因此为了使磁盘 I/O 操作与精确碰撞检测计算在时间上重叠，使用单独的预读取线程对潜在碰撞集中所对应的数据进行读取。在碰撞预测得到潜在碰撞集后，便向预读取线程发送预读取请求，预读取线程处理所有的预读取请求，将需要的数据读入内存。碰撞预测与预读取流程如图 4.14 所示。

图 4.14　碰撞预测和预读取流程

如果虚拟对象在虚拟场景中的运动具有连续性，即虚拟对象的位置不发生大的跳跃式变化时，相邻时间内虚拟场景与虚拟对象发生碰撞的区域也具有空间局部性。由于八叉树的所有叶节点对虚拟场景空间进行了严格的剖分，每个叶节点都占有一个互不重叠的长方体区域，并与其邻居节点很好地表示了空间上的邻接关系，因此当前发生碰撞的叶节点很大概率就是上次碰撞的叶节点或者其空间相邻的节点。因此，在虚拟场景的八叉树结构之上，设计基于邻居节点的碰撞预测算法，计算潜在碰撞集，即下一帧或几帧内可能发生碰撞的叶节点集合。

在实时运行开始时，读入八叉树结构文件并建立八叉树结构后，为八叉树所有叶节点计算其相应面的邻居节点信息，如图 4.15 所示，节点 C 的所有面邻居节点为 A、B、D、E。

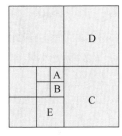

八叉树叶节点代表的长方体区域（即 AABB）具有 6 个面，除了外部节点，其每个面都有自己相对应的邻居节点。为了使预测得到的潜在碰撞集更加准确，即与实际发生碰撞的叶节点集合相差不大，需结合物体的运动方向和运动步长以及八叉树节点的邻居信息，将满足条件的叶节点加入潜在碰撞集，作为预测结果。

图 4.15　查找八叉树叶节点的面邻居节点

设虚拟对象前一帧的位置坐标为 p_{pre}，当前帧的位置坐标为 p_{cur}，向量 $V=(v_x,v_y,v_z)$ 表示虚拟对象当前运动的方向和在三个轴向上的运动步长，则 $V=p_{\text{cur}}-p_{\text{pre}}$。在当前帧的粗碰撞检测阶段得到与虚拟对象顶层 OBB 发生碰撞的叶节点集合 S，对于 S 中的每个叶节点 leaf_i，它的邻居节点组成的集合记为 $\text{Neighbor}(\text{leaf}_i)$。$\text{Neighbor}(\text{leaf}_i)$ 包含了叶节点 leaf_i 所有 6 个面的邻居节点，而对于 S 中的每个叶节点 leaf_i，并不能简单地将所有面邻居都加入潜在碰撞集。

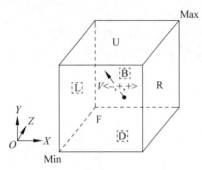

图 4.16　根据虚拟对象运动方向考虑
节点的不同面

V 中各个分量的取值将决定叶节点 $leaf_i$ 的哪些面邻居节点成为潜在碰撞集中的元素,如图 4.16 所示,对一个叶节点的包围盒,按照图中的坐标系统将 6 个面分别表示为 L、R、U、D、B、F。

向量 V 的 3 个分量 v_x、v_y、v_z 的符号表示了当前虚拟对象在 3 个坐标轴上的运动方向。对于一个叶节点来说,其 6 个面都可能拥有邻居节点,而根据虚拟对象运动具有的连续性,在虚拟对象运动方向上的面的邻居节点是最有可能在接下来发生碰撞的节点,虚拟对象当前的运动方向可由 V 中各分量的符号来表示,它与叶节点包围盒各个面的关系如表 4.1 所示。

表 4.1　向量 V 各分量符号与考虑面的关系

分　　量	正（＋）	负（一）
v_x	R	L
v_y	U	D
v_z	B	F

对于每一时刻的 V,最多只需考虑 $Neighbor(leaf_i)$ 中 3 个面的邻居节点。例如,当 V 各分量符号分别为一、+、+时,只考虑面 L、U、B 的邻居节点;当 V 各分量符号分别为一、+、0 时,则只需考虑面 L 和面 U 的邻居节点,当物体静止时,不需要考虑任何面邻居节点。这样根据虚拟对象当前的运动情况,便减少了需要考虑的面邻居节点的数量。

由于虚拟场景中几何分布没有规律,因此几何越稠密的区域,其划分的层次就越深,叶节点包围盒的尺寸也越小,反之几何比较稀疏的区域,其叶节点的尺寸比较大。当对象与尺寸较大的叶节点发生碰撞后,而与其邻居节点发生碰撞前,运动的方向即 V 的各个分量的符号可能会因为用户的控制而多次改变。在这种情况下,若只根据虚拟对象的运动方向来控制潜在碰撞集中的节点,准确性仍然不高,因为在与邻居节点发生碰撞前虚拟对象运动方向改变多次后,很可能此节点的所有面都已被考虑而将其邻居节点加入了潜在碰撞集,但是最终虚拟对象很可能只与其中某个方向上的邻居节点发生碰撞。因此,需要设定一个距离阈值 d,当根据 V 各个分量的符号确定了纳入考虑的面后,只有当虚拟对象的中心与此面的距离小于阈值 d 时,才将其面邻居作为潜在碰撞集中的节点,并且阈值 d 的大小需要考虑当前虚拟对象的运动速度(即步长)。

图 4.17 展示了二维平面中的情况,由于在 X 轴方向上步长为负,因此在此轴向上只考虑 L 面,并且只有当虚拟对象中心与 L 面的距离小于阈值 d 时,才将其邻居节点加入潜在碰撞集。

2. 实验结果

算法实验平台为 Intel 双核 2.2GHz CPU,图形显示卡为 NVIDIA GeForce 8600,显存为 256MB,内存为 2GB,渲染分辨率为 1024 像素×768 像素,并且

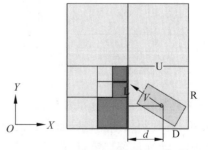

图 4.17　根据阈值计算潜在碰撞集

设置碰撞预测提前的帧数 $n=6$。

1）外存模型索引八叉树的性能

实验所使用的场景模型为电厂场景，整个虚拟场景的索引八叉树划分结果如图 4.18 所示。

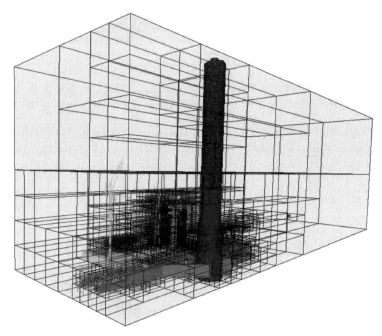

图 4.18 电厂场景的索引八叉树

在不同顶点阈值 h 下为电厂场景建立八叉树结构，相应的数据统计如表 4.2 所示。

表 4.2 索引八叉树在不同顶点阈值下的数据

顶点阈值 h	八叉树最大深度	节点数/个	原面片数/个	最终面片数/个	外存文件总大小/GB
3000	11	103 121	13 743 213	31 897 196	5.29
5000	11	56 793	13 743 213	27 809 491	4.67
7000	10	37 249	13 743 213	23 201 479	4.20
10 000	10	24 513	13 743 213	17 036 746	3.81
15 000	10	15 969	13 743 213	15 016 812	3.56

由表 4.2 中的数据可以看出，随着顶点阈值 h 的增大，八叉树最大深度与节点总数均将减小，并且因跨多个叶节点而重复存储的面片数量减少，最终的几何面片数也将减少，从而使外存文件的大小也将降低。

2）相交测试的实验结果

图 4.19(a)展示了虚拟对象未与虚拟场景发生碰撞的情况，可以看到图中虚线圈出的部分，管道从恐龙身体的空隙处穿过，不会检测到碰撞。图 4.19(b)中，恐龙发生旋转，尾部与管道发生了碰撞，虚线圈处，恐龙尾部的面片与虚拟场景中的管道发生相交，即表示虚拟对象与虚拟场景发生了碰撞。

3）碰撞预测实验结果

如前所述，算法根据八叉树空间划分的特点，同时结合虚拟对象的运动方向和步长设置

(a)未发生碰撞　　　　　　　　(b)发生并检测碰撞

图 4.19　精确相交检测结果

预读取阈值来控制预测的结果,如图 4.20 所示,其中灰色的长方体表示根据当前帧预测得到的潜在碰撞集中的叶节点。图 4.20(a)是没有使用运动方向和预读取阈值来控制所得到的潜在碰撞集,因此图中灰色的叶节点就是当前发生碰撞的叶节点的所有邻居节点;而图 4.20(b)是考虑了当前虚拟对象的运动方向和预读取阈值后得到的潜在碰撞集,显然图 4.20(b)中得到的潜在碰撞集与当前物体的运动情况更加相关,因此减少了许多叶节点使得预测更加准确。

彩图

(a)无方向和阈值控制　　　　　　　　(b)有方向和阈值控制

图 4.20　基于邻居的碰撞预测示意图

　　与传统碰撞预测方法的思想不同,本节算法在每次预测过程中不需要再次与八叉树结构做相交测试,而是直接根据虚拟对象运动方向和预读取阈值以及八叉树叶节点的邻居节点信息得到潜在碰撞集,八叉树的邻居节点信息在运行初已经预先算好,因此得到相应节点的邻居节点的复杂度为 $O(1)$,而若要与八叉树做相交测试,则复杂度为 $O(\log n)$,并且相交测试计算的开销也较大。

　　4) 采用碰撞预测和多线程调度对算法性能的影响

　　算法利用粗碰撞检测得到的信息来进行碰撞预测,然后通过单独的预读取线程对预测到的数据进行读取操作,使当前帧的精确碰撞检测计算与数据预读取同步进行。在实验中,使物体分别在采用的碰撞预测和多线程预读取以及未采用预测和预读取的情况下,沿同一路径运动并进行帧率的统计,其中 2000 帧的统计数据如图 4.21 所示。

　　图 4.21(a)是在没有进行碰撞预测和多线程的数据预读取情况下的每帧运行时间,即在每一帧的精确碰撞检测之前等待未在内存的叶节点的数据读入,再进行精确碰撞检测计算。而图 4.21(b)是使用碰撞预测和多线程的数据预读取下的每帧运行时间,在当前帧预测下几帧内可能发生碰撞的叶节点,并利用单独的线程对不在内存的数据进行读取,由于这些数据的读取与当前帧的精确碰撞检测计算是独立的,因此可以很好地在时间上达到重叠,在下一帧的精确碰撞检测前,大部分数据已读入,减少了等待数据的时间。由图中的曲线可

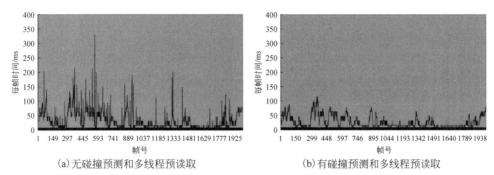

图 4.21　有无碰撞预测和多线程预读取下的帧率对比

以看出,图 4.21(a)中许多帧所用的时间都有比较大的跳跃,并比图 4.21(b)中相应帧所用的时间要长。造成这种明显跳跃的原因是,这些帧的碰撞检测需要读入的数据过多,等待时间较长。而使用碰撞预测和多线程预读取后,这些跳跃基本上都消失了。

4.3　场景渲染优化实例——基于 LOD 的点云渲染

4.3.1　背景知识

第 3 章已经介绍过点云。点云是虚拟对象几何信息的常见表示方式之一,它是虚拟对象空间中一群离散的点的集合,彼此之间毫无关系,这就需要使用一种组织方式对其进行数据组织,并进行适当的简化,构建出不同的连续的细节层次,以便后续的渲染。此外,经过简化处理后的点云依然是全屏状态下充分的采样点,而具体对虚拟对象进行渲染和交互时不一定在全屏状态下,而且随着视点的远近,虚拟对象的大小也会发生变化。为了避免渲染过多的点,还需要构建一个与视点相关的 LOD,以便随着视点变化选择合适的细节层次进行渲染,从而能够充分利用资源。下面介绍一种基于长轴二分法的点云 LOD 构造算法。

长轴二分法的核心思想是构建树状层次包围球结构,按空间划分构建出不同精度的层次树。树中的叶节点即每个采样点,空间中相邻的子节点合并成一个父节点。长轴二分法主要分为自顶向下的数据分裂和自底向上的数据合成两个步骤。

所谓自顶向下的数据分裂,是指对空间中的点集不断地沿其包围盒最长边进行递归剖分,直至每个子空间中的点数小于或等于 4 个为止,如图 4.22 所示,从(a)~(c)展示了一个二维空间的分裂过程。

所谓自底向上的数据合并,是指以叶节点为初始点,当子空间内节点数小于或等于 4 个时,合并成一个父节点,然后继续迭代,直到根节点为止。图 4.22 中的(c)~(f)展示了数据合并的过程。

叶节点的属性包含中心点位置、半径、法线、颜色(可选)等信息。一般情况下,叶节点中的这些属性是已知的,若它们未知,可以通过常用的数学方法计算得到。其他节点的属性则需要根据子节点生成,常用的方法是取子空间内所有子节点的平均值。

在上述构建层次树的过程中,使用层次聚类的方法将点集分裂成一组子集,每个子集采用一个代表的点来代替,从而得到简化的层次树。层次聚类是基于空间剖分的,效率较高,但是在简化效果上一般。例如,低曲率区域含有的特征通常比高曲率区域少,因此在低曲率

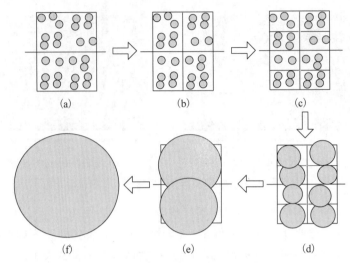

图 4.22　构建层次包围球的过程

区域(如平面)可以使用比较少的点来表示大范围的区域,这使得上述构建方法存在许多冗余点。基于此种情况,可以在现有方法的基础上进行优化,以达到简化层次树表示的目的。

4.3.2　基于 LOD 的点云渲染方法

由于移动终端的计算性能有限,因此可实时渲染的面片或点数也相当有限。具体的渲染性能取决于硬件的具体配置,而要想提升移动终端的 CPU 计算能力却并不容易,首先要克服电池寿命和发热的问题。表 4.3 展示了 HP iPAQ hx4700 移动终端的渲染性能。HP iPAQ 是早期移动终端的一种,基本配置包括 624Mhz Intel PXA270 处理器,64MB SDRAM,128MB ROM。

表 4.3　HP iPAQ hx4700 渲染性能四边形个数

四边形个数	渲 染 帧 率	纯几何点个数	渲 染 帧 率
9184	2	26 567	9
4642	5	23 400	10
2262	11	16 331	15
1132	22	7481	32
553	45	3936	58

从表 4.3 可以看出,要使 HP iPAQ hx4700 移动终端渲染帧率不小于 10 帧,最多只能渲染两千多个四边形,两万多个 GLPoint 的纯点。近年来,随着移动终端图形硬件的发展,所能支持的最大点个数远远超过表中所示的数据,但依然存在着性能的制约,这是因为该性能是由移动终端硬件配置决定的,属于固有属性,而移动终端本身资源有限,因此始终需要考虑如何在有限资源下去努力实现大规模虚拟场景的实时渲染。

传统的点云渲染方法 QSplat 使用较为简单的渲染图元,进行逐点的渲染,一方面受渲染图元的限制,渲染效果一般;另一方面,逐点的处理意味着每次变换视点都要重新遍历一遍整个点集,耗费较多的实现。

本节介绍一种基于 LOD 的点云渲染方法。在渲染图元方面,采用基于物体空间的 splatting 方法,使渲染图元独立于视点,在保证渲染效果的同时降低能耗;在数据组织方面,采用长轴二分法构建树状层次包围球结构,将层次聚类与曲率采样两种方法综合起来对点云进行简化,根据物体在屏幕上的投影大小,给出一种有限资源下基于视点的快速 LOD 策略。

1. 算法实现

1) 数据组织

在 4.3.1 节利用长轴二分法将点集组织为树状层次包围球结构的基础上,进一步采用曲率简化的策略。曲率简化的主要思想是:在低曲率区域保留少量的点;对高曲率区域保留足够的点来表达特征。这里通过计算角度偏差来进行曲率简化。

设一棵子树内有 $n(n\leqslant4)$ 个子节点 $C_1,C_2,\cdots,C_n$,父节点是 P,在自底向上合并的过程中,计算 P 和其子节点间的最大角度偏差值为

$$\text{Dangle}_{\max} = \max_{\text{angle}}(\text{angle}(P.\text{normal},C_i.\text{normal})) \tag{4.3}$$

如果 $\text{Dangle}_{\max}$ 小于或等于一个阈值,就用 P 代表该区域而不是其子节点。这个过程在构建层次包围球的时候迭代运行,直到偏差角大于阈值为止。最终得到的节点将作为新的叶节点存在。这种曲率简化方法不仅可以减少许多冗余的节点,同时也减少了层次树的复杂度,加快了遍历的速度。

2) 遍历选择

构建好层次树之后,需要运行遍历选择算法。从根节点开始遍历,选择合适的节点进行渲染。选择标准是判断节点包围球的投影区域的半径是否大于阈值,如果大于则继续细分,否则就停止向下遍历并渲染当前节点。投影区域的半径通过下面公式进行计算:

$$R = \frac{(N.\text{radius}) \cdot \text{near} \cdot \text{screenwidth}}{(\text{right} - \text{left}) \cdot z} \tag{4.4}$$

其中 $N.\text{radius}$ 表示节点半径,z 表示距离屏幕的垂直距离。left 和 right 表示左右垂直裁剪面的坐标,near 表示视点到近裁剪面的距离。

遍历整棵树是非常耗时的,考虑到移动终端计算性能较差,需要设计一种快速 LOD 选择算法,使得旋转视点时不需要遍历整棵树,流程如图 4.23 所示。

算法:快速遍历选择算法			
1	if	快速遍历 **then**	
2		if	当前节点是叶节点 **or** 投影次数≤指定最小次数 **then**
3			将当前节点的父节点放入渲染链中
4		else	
5			foreach 子节点 cn do
6			traverse(cn)
7			end
8		end	
9	else		
10		遍历自渲染链表	
11	end		

图 4.23 快速遍历选择算法

该算法将当前渲染节点的父节点放入渲染链表,当第二次渲染时,可以直接从存储在渲染链表里的父节点开始遍历,然后再重复将当前渲染节点的父节点放入渲染链表。这样,每次遍历都是从上次渲染节点的父节点开始遍历,图 4.24 展示了一个简单的层次树的对应节点。可以看到,$n3$ 节点虽然是父节点,但没有被放入链表中,因为当遍历 $n1$ 时可以遍历到 $n3$。当然,这种方法只适用于视点变化较缓慢的情况,当视点发生较大变化时,需要从更高层节点开始遍历。但是这种特殊情况的结果是给出一个更高层的 LOD,即较为粗糙的模型,所以本方法不会影响渲染质量。

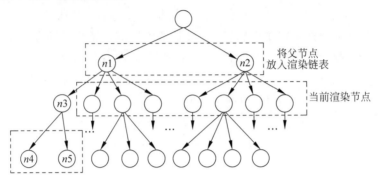

图 4.24　遍历流程示意图

如果视点不发生变化,遍历选择算法只需运行一次。但是若旋转视点,则需要重新遍历树来选择合适的层次进行渲染。上述方法提供了一种适用于移动终端的快速遍历选择算法。考虑到移动终端资源的限制,还可以进一步设置一个阈值,当视点变化超过这个阈值时再重新进行遍历,从而节省更多时间和资源。

3) 虚拟对象空间的表面足迹算法

层次树遍历之后得到一组离散的点集。点云渲染的任务就是将离散的点集重构成连续的表面。信号系统里的抽样定理描述了如何从抽样信号中恢复原连续信号,以及在什么条件下可以无失真地完成这种恢复。

设 $f(t)$ 是原连续信号,它的频谱是 $F(\omega)$。对 $f(t)$ 进行采样得到 $f_s(t)$,即由一系列冲激函数组成,其频谱函数为 $F_s(\omega)$。将矩形函数 $H(\omega)$ 与 $F_s(\omega)$ 相乘即可重建连续的信号 $f(t)$,其本质就是将抽样信号 $f_s(t)$ 通过理想低通滤波器。从时域上看,当 $f_s(t)$ 通过理想低通滤波器时,抽样序列的每个冲激信号将会产生一个响应,将这些响应叠加就可以得出 $f(t)$,从而达到由 $f_s(t)$ 恢复到 $f(t)$ 的目的。

将上述原理应用到点集上,理想低通滤波从时域空间看,中间时幅度最高,然后逐渐降低。乘以抽样函数后,即对每一个采样点进行低通滤波。从表面看,即给每个采样点生成一个从中心向周边递减的圆盘。目前较为经典的屏幕空间 EWA 的表面足迹(Surface Splatting)方法就是应用了上述原理,流程图如图 4.25 所示。

采用重建滤波对离散点进行重构,即对每个点进行低通处理,其重构核形状为圆形,权值与距中心距离呈指数衰减。经过(平行)投影后,重建滤波的形状变换为椭圆。投影会造成屏幕空间某些区域的频率很高,这就需要再作一次低通滤波。最终得到重采样滤波就是投影变换后的重构核和低通滤波的卷积。对每个点用重采样滤波在屏幕空间处理过之后,还需要进行一次归一化。

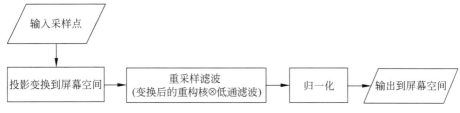

图 4.25　屏幕空间表面足迹法流程

上述的屏幕空间表面足迹能提供较好的渲染结果,但是由于计算复杂,因此耗费时间较多,且由于其基于屏幕空间,每次变换视点时就需要对每个渲染图元(splat)重新计算一遍。这里给出一种独立于视点的虚拟对象空间的表面足迹法。在虚拟对象空间用高斯滤波重建连续表面,这一步是独立于视点的,因此滤波核可以在预处理部分计算,当变换视点时也不需要重新计算,过程如图 4.26 所示。

图 4.26　物理空间的表面足迹法过程

将高斯滤波存储在纹理中,创建一个透明度渐变的纹理,存储离散的高斯函数的编码,设中心点为 $(0,0)$,(x,y) 是其周围点,则该点处的权值 weight 计算如下列公式所示:

$$r = x \times x + y \times y \tag{4.5}$$

$$\text{weight} = \exp\left(-\frac{r}{\sigma \times \sigma}\right) \tag{4.6}$$

其中,σ 表示衰减指数,这里设为 0.45。将纹理滤波应用于每个点,即包含法线和半径位置等信息的图元上。对于每个图元,只需根据半径计算其四边形,然后拉伸或缩放纹理来符合四边形,这个过程在纹理映射中完成。

2. 实验结果

在大规模虚拟场景渲染中,点云数据往往十分庞大。因此,首先使用第 3 章中介绍的点云简化方法对其中的每个虚拟对象进行预处理,并根据移动终端的屏幕分辨率进行全局误差控制,从而得到全屏状态下的采样点。在此基础上,使用本节介绍的基于 LOD 的点云渲染方法在移动终端上进行渲染。这两个步骤互有联系但又有所区别。一方面,点云简化方法计算开销较大,且直接传输原始点云到移动终端数据量过大,因此这部分计算往往是由远程服务器来实现的;另一方面,基于 LOD 的点云渲染方法,其渲染效果依赖于点云简化算法的结果。若点云模型简化产生较大的误差,基于 LOD 的点云渲染方法也不会取得较好的渲染效果。

本节实验采用 PDA(HP iPAQ hx4700)作为移动终端。经过预处理的点云简化,得到离散采样点之后,要在移动终端进行渲染。首先需要进行数据组织,构建虚拟对象的 LOD 并选择合适的节点进行渲染;其次采用层次聚类构建视点相关的 LOD,在构建过程中通过曲率采样进行二次简化;然后通过节点的投影半径选择化简的层次。表 4.4 展示了层次树的简化结果和渲染时间。

表 4.4　层次树的简化结果和渲染时间

模　　型	原 始 点 数	图元尺寸最小值	层次聚类后	曲率简化后	渲染时间/ms
lion	3373	7.0	3087	2892	176
		5.0	3245	3035	179
		3.0	3356	3140	182
		1.0	3372	3155	183
dinosaur	5180	8.0	3311	3017	135
		6.0	3549	3235	143
		4.0	3973	3632	158
phone	1973	6.0	1110	893	55
		4.0	1229	998	60
		2.0	1542	1242	68

　　如果树的层次包围球的投影半径小于图元尺寸最小值,则继续细分。所以不同的阈值可以得到不同的简化结果。从表 4.4 可以看出,经过曲率采样可以得到更有效的简化。因为初始模型已经过预处理简化,数据已经很小,所以后期的 LOD 只是用于移动终端的微调,对于资源有限的平台来说是比较合适的。

　　与单纯的层次聚类构建层次包围球的方法(如 Qsplat)相比,在层次聚类之后添加曲率采样简化,能更有效地简化冗余的点,如表 4.4 所示。另外,基于视点的快速 LOD 选择算法在第二次遍历时,从前一次渲染节点的父节点开始,能有效地节省时间。图 4.27 给出了实验对比,输入模型为 lion(点数为 15 661)。

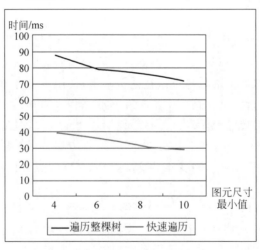

图 4.27　遍历算法花费的时间对比

　　在移动终端的渲染结果如图 4.28 所示。可以看出,虽然渲染的点数较少,但基本达到了较好的渲染效果。

(a) 9737 个点　　　　(b) 5494 个点　　　　(c) 3075 个点　　　　(d) 2525 个点

图 4.28　移动终端上的点云渲染效果

4.4　习题

1. 在 Unity 中制作火焰、烟雾等特效。
2. 利用 ARKits 或 ARCore,添加虚拟人物动画与烟火特效。
3. 利用八叉树或层次包围盒树构造场景图。

第 5 章

虚拟现实前沿性方向

虚拟现实与信息技术的发展密切关联。近年来,随着人工智能等技术的发展,虚拟现实这一概念的内涵和外延也在不断变化。目前,学术界与工业界关于虚拟现实技术的前沿性研究主要集中于增强现实技术以及将虚拟现实与人工智能相结合等方向。本章简要介绍近年来日益受到关注的增强现实技术,以及将人工智能应用于虚拟现实建模与渲染等研究热点。

5.1 增强现实技术

增强现实和虚拟现实之间的联系非常紧密,是虚拟现实发展的一个扩展或者说分支,也是近年来学术界和工业界的热点之一。增强现实系统通常综合不同领域的多种技术,包括虚拟现实技术、计算机视觉技术、人工智能技术、可佩戴移动计算机技术、人机交互技术、生物工程学技术等,具有鲜明的交叉特色。

尽管增强现实技术在不同应用领域内所强调的重点有所不同,而且不同档次与用途的增强现实系统所需要的配置也各不相同,但它们在原理上存在很多共性。至于硬件设备的具体选配要求,则往往需要用户针对经费投入、性能需求和市场效益等因素进行折中考虑。

如图 5.1 所示,一个典型的增强现实系统由虚拟场景发生器、透视式头戴式显示器、头部方位跟踪设备、虚拟场景与真实场景对准的方位跟踪定位设备和交互设备构成。其中虚拟场景发生器负责虚拟场景的建模、管理、渲染,以及对其他外设的管理。头部方位跟踪设备用于跟踪用户视线变化,实现用户观察坐标系与虚拟场景坐标系的匹配。交互设备则用于实现感官信号以及环境控制操作信号的输入输出。这里涉及的方位跟踪定位设备负责测量用户在真实环境中的六自由度位置和方位信息。从概念上来说,它与头部方位跟踪器没有区别,但实际的测量精度要求有很大差别,将直接影响增强现实系统的注册精度。

5.1.1 增强现实技术的基本内容

除了与虚拟现实技术面临共同的一些难点,比如真实感虚拟场景渲染、传感设备和交互设备等,增强现实技术在发展中所面临的具有挑战性的难点还在于:能够将虚拟对象和真实环境精确对准的定位手段,以及能够将虚拟场景与真实环境融为一体的显示设备。

这里对定位手段的要求不仅仅是虚拟现实系统中所要求的方位跟踪系统的精度、数据

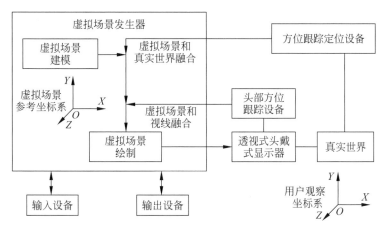

图 5.1 典型的增强现实系统结构图

刷新频率以及延迟,更重要的是理解虚拟环境坐标系、真实环境坐标系以及用户本身视觉坐标系之间的关系,实现它们之间的精确对准以及在运动过程中维持这种对准关系,这势必要求虚拟对象在虚拟环境坐标系中的运动精确性和其相对真实环境坐标系的运动精确性。

另外,对显示设备的要求,也不再局限于用户对于虚拟环境的沉浸感,也不是虚拟环境与真实环境的简单叠加,关键是虚拟环境深度细节、照明条件、分辨率应与真实环境诸因素相匹配,因为不相匹配的环境会导致感觉的倾向性甚至误导性。

目前阻碍增强现实系统得以广泛应用的技术难点在于以下两方面,一方面是增强现实的显示技术,另一方面则是增强现实的跟踪注册技术。

1. 增强现实显示技术

目前,有许多的增强现实系统采用透视式头戴式显示器来实现虚拟环境与真实环境的融合。透视式头戴式显示器由三个基本结构构成:虚拟环境显示通道、真实环境显示通道、图像融合及显示通道。而其中虚拟环境的显示原理与沉浸式头戴式显示器基本相同,图像融合与显示通道是与用户的最终接口,基本取决于真实环境的表现方式。因此根据真实环境的表现形式划分,目前主要有视频透视式头戴式显示器和光学透视式头戴式显示器。

视频透视式头戴式显示器的原理如图 5.2 所示,由安装在显示器上的微型 CCD 采集外部真实环境的图像,然后计算机通过计算处理,将所要添加的信息或图像信号叠加在摄像机的视频信号上,实现计算机生成的虚拟场景与真实场景融合,最后通过类似于沉浸式头戴式显示器的显示系统呈现给用户。

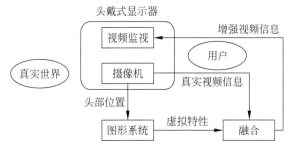

图 5.2 视频透视式头戴式显示器的原理

光学透视式头戴式显示器的原理如图 5.3 所示,这种头戴式显示器采用一对半反半透镜,一方面允许外部真实环境的光透过,使佩戴者能够看到真实世界;另一方面还能反射来自内部微型显示器的虚拟视频,将其叠加到用户的视野中,形成虚实融合的视觉效果。

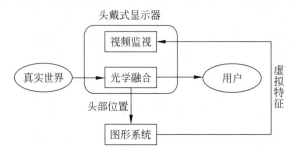

图 5.3　光学透视式头戴式显示器的原理

视频透视式头戴式显示器的优点包括:合成影像较为灵活、视野较宽、实时响应速度高、虚实光照较为一致等。光学透视式头戴式显示器的优点则主要包括:结构简单、价格便宜、分辨率高、安全性好、不需要视觉偏差补偿等。二者各有利弊,可以根据增强现实系统的应用领域决定使用哪种透视式头戴式显示器。

2. 跟踪注册技术

在增强现实系统中,跟踪注册是关键技术之一,也是决定系统性能的重点,一直以来是研究中的重要内容。跟踪注册精度是衡量增强现实系统性能及其实用性的关键指标。在增强现实系统中,注册误差可分成两大类:静态注册误差和动态注册误差。当用户的视点与真实环境中的物体均保持静止时,系统产生的误差称为静态注册误差;只有当用户的视点或环境中的物体发生相对运动时才会出现的误差称为动态注册误差。动态注册误差是增强现实系统中主要的注册误差,也是限制增强现实系统实现广泛应用的重要因素。

增强现实系统的静态误差主要源于以下几方面:光学系统畸变、图像噪声、机械未校准、不正确的系统参数、算法本身以及摄像机标定时引入的误差等。系统延时是造成动态注册误差的主要原因,因为整个系统的运行需要对用户头部位置和方向的跟踪计算、图像数据的传输与 A/D 转换、图形引擎产生虚拟增强信息,以及扫描输出至头戴式显示器正确位置,过程中不可避免地存在一定的延迟。

现有增强现实系统中的跟踪注册技术主要有以下三种。

1) 基于硬件跟踪器的跟踪注册技术

常用的用来跟踪注册的硬件跟踪器包括电磁跟踪器、惯性跟踪器、测距仪、超声波定位仪、全球定位系统(GPS)等。这些硬件跟踪器用来探测和跟踪真实环境中目标的位置和方向,各有优缺点。由于这种注册技术容易受现实环境影响,所以精度较低,不适合对精度要求较高的应用领域,如维修导引、教育培训等。

2) 基于计算机视觉的跟踪注册技术

目前,在增强现实领域中,对基于计算机视觉的注册技术的研究处于主导地位。它是通过对一幅或多幅视频图像的图像处理,获得跟踪信息,判断固定在使用者头部的摄像机在真实环境中的位置和方向。仅仅根据头部跟踪系统提供的信息进行三维注册属于开循环控制,系统没有反馈增强信息与真实环境间的匹配程度,因而难以取得最佳匹配效果。而基于计算机视觉的增强现实系统可利用图像处理和计算机视觉的方法协助注册,因此能够使注册误差局限在像素级(以像素为单位,而不再以世界空间坐标系中的米或英寸等单位)。

　　3) 混合跟踪注册技术

　　由于目前单一的跟踪技术无法全面地解决增强现实系统中的方位跟踪问题,为此国外的一些著名大学和研究机构的研究人员提出采用混合跟踪(Hybrid Tracking)的方法对增强现实系统进行跟踪注册。所谓混合跟踪,是指采用不同种类的跟踪设备,取长补短共同完成增强现实系统的注册任务。目前常采用的硬件跟踪器包括机械跟踪器、电磁跟踪器、光电跟踪器、惯性跟踪器、超声波跟踪器、GPS等。

　　现有的跟踪注册方法各有优缺点和适用性。一般需要使用硬件跟踪器的增强现实系统,系统跟踪较复杂,并且会因此引入系统固有误差。基于计算机视觉的跟踪注册是一种综合性能比较好的注册方法,其通用性较强,仅通过图像分析的方式就可以得到头戴式显示器的方位信息,系统构造简单,减少了系统误差(不存在摄像机和硬件跟踪器之间的误差),尤其适用于使用光学透视式头戴式显示器的增强现实系统,但是计算量较大,系统延迟较大。

5.1.2　增强现实技术与虚拟现实技术之间的关系

　　增强现实技术是随着虚拟现实技术的发展而产生的,二者间存在着不可分割的纽带关系,但在构建所需的基础技术上则稍有不同。如前所述,虚拟现实技术综合了建模、渲染、人机交互、传感等技术,力图使用户在感官上沉浸在一个虚拟环境中。而增强现实技术则主要借助显示、人机交互、传感和计算机视觉等技术,意图将计算机生成的虚拟环境或对象与用户周围的现实环境融为一体,使用户从感官效果上分辨不出虚拟部分和真实部分。基于以上的说明,二者的区别就很明显,与虚拟现实最终希望真实地模拟现实世界不同,增强现实的最终目的是利用附加信息去增强用户对真实世界的观察和感知。增强的信息既可能是虚拟的三维模型,也可能是真实物体的非几何类信息,例如路标、文字提示等。具体而言,增强现实技术与虚拟现实技术在如下几方面有较大差异。

　　(1) 对沉浸感的要求不同。虚拟现实系统强调用户应能在虚拟环境中达到视觉、听觉、触觉等感官知觉完全沉浸的程度,这往往需要借助于能够将用户的感官知觉与现实环境隔离的设备,如沉浸式头戴式显示器。与之相反的是,增强现实系统不仅无须隔离现实环境,还强调了用户在现实环境的存在感,并努力维持用户感官效果的稳定,这就需要借助能够融合虚拟环境与真实环境的设备,如透视式头戴式显示器。

　　(2) 注册(Registration)。沉浸式虚拟现实系统中的"注册"强调的是呈现给用户的虚拟环境应与用户各种感官知觉相匹配,例如当用户推开一扇虚拟的门,他所看到的就应该是室内场景;一列虚拟火车向用户驶来,他听到的鸣笛声就应该由远及近。这里所谓的"注册"主要是指用户的感官系统与用户本体感受之间的一致性。然而,增强现实系统中的"注册"概念来源于计算机视觉,主要是指用户在真实环境的运动过程中维持正确的视点"对准"关系。例如,在真实环境中叠加显示了一个虚拟的餐桌,用户在行走过程中看到的餐桌应该随视点正确变化,并且产生与真实环境一致的光照变化。

　　(3) 对系统计算能力的要求不同。一般来说,即使是对现实世界周遭的简单环境进行精确再现,虚拟现实系统也需要付出巨大的代价。这主要体现在两方面:一方面,虚拟环境的建模与渲染本身需要巨大的人力成本与计算开销;另一方面,显示环节的实时性对数据传输提出了苛刻的要求。当前技术条件下,虚拟环境的逼真程度还未能匹配人类的感官知觉。相比之下,增强现实技术则要求较低,主要是因为它充分利用了周围业已存在的真实环境,在此基础之上再扩充一些信息,这就大大降低了对计算能力的要求。

5.1.3　增强现实技术的应用

虚拟现实系统强调的是用户的视觉、听觉、触觉等感官知觉应该能够完全沉浸在虚拟环境中。对人的感官系统来说,虚拟现实系统是真实存在的,而系统中所构建的物体又是现实中不存在的,这就使虚拟现实技术更适用于许多高成本且危险的环境。因此,目前虚拟现实主要应用于教育、数据和模型的可视化、工程设计、城市规划、军事仿真训练等方面。增强现实技术主要是利用附加信息去增强使用者对真实世界的感官认知,因此其应用更侧重于辅助教学与培训、辅助医疗研究与解剖训练、辅助精密仪器制造与维修、远程机器人控制、辅助军事侦察等领域。图 5.4 展示了虚拟现实技术与增强现实技术在医学中的应用。图 5.4(a)展示的是虚拟手术的场景,它主要用于医学生的教学培训,学生可以进入虚拟人体的内脏,检查病灶并进行组织切片检查;图 5.4(b)展示的是增强现实辅助教学的场景,可以看到学生在增强现实辅助信息的帮助下,使用手术器械对病人进行手术。

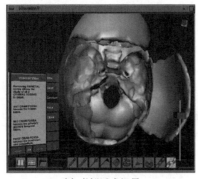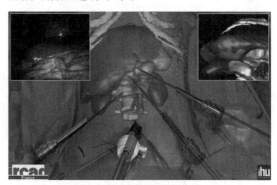

(a) 虚拟手术场景　　　　　　　　　　(b) 增强现实辅助教学场景

图 5.4　虚拟现实技术与增强现实技术在医学中的应用

5.2　智能化建模与渲染方法

虚拟现实对虚拟对象模型的逼真度以及渲染效果的真实感要求很高。近年来,随着三维数据采集设备的种类逐渐丰富,精度不断提升,又恰逢人工智能技术的迅猛发展,原有的三维建模与渲染技术的智能化进程加快,虚拟对象的智能化构建日益受到重视。

5.2.1　智能化建模

智能化建模在计算机辅助设计(Computer Aided Design,CAD)/计算机辅助工程(Computer Aided Engineering,CAE)以及其他相关工业领域一直是研究热点。通过参数化或者非参数化的方法构造虚拟对象的外观模型,同时定义其表面材质等属性,为后续渲染提供数据基础。传统 CAD/CAE 的方法需要大量的人力,经济成本和时间开销较大。后来出现的基于多视图图像的几何方式重建法虽然能够较好地实现三维模型的重建,但仍然依赖手工设计,且计算效率较低。此外,在通过主动式设备采集或重建的几何模型中,往往存在空洞、噪声等失真现象,影响用户的感官体验。近年来,随着深度学习从二维图像域拓展到三维空间域,基于深度学习的建模方法正成为工业界和学术界密切关注的课题之一。

根据第3章中对虚拟现实建模的分类,下面将简单介绍一下人工智能近年来在虚拟现实形状建模与基于物理的建模等方向上的发展状况。

1. 智能化的形状建模

近年来,随着深度学习在几何领域的兴起,基于深度学习的形状建模正成为研究热点,并逐渐形成了"几何深度学习"这一理论分支。目前,形状建模的研究主要集中于从图像重建虚拟对象的几何模型,以及对几何模型进行优化等方面。其中,根据几何模型的表示方式,又可分为显式表示法与隐式表示法两类。

1) 显式表示法

显式表示一般是指将虚拟对象表示为点云或多边形网格等形式。多视点图像是三维几何模型的一种有效表示方式。利用多视点图像生成多视点深度图像,进而可以生成虚拟对象的外表面,可以有效地重建虚拟对象的几何模型。因此,可以将虚拟对象的生成问题转换为从多视点图像生成几何模型的问题。目前,典型的从多视点图像重建几何模型的网络一般由编码器和解码器两部分组成。其中,编码器接收物体类别 c、视点 v 和变形参数 θ。这三类输入数据通过若干全连接层后,得到隐空间的特征向量。解码器则将特征向量通过若干反卷积层,得到模型的 RGB 图像和对应的目标分割图。通过最小化网络生成的 RGB 图像以及分割图与真实值的误差,即可训练出一个具有良好重建效果的学习模型。

2) 隐式表示法

基于图像的视点合成是构建虚拟场景的经典技术之一。随着神经网络的发展,神经网络作为几何模型的隐式函数,可以达到不同的应用目的,如新视点生成、虚拟视点生成以及重光照等。常用的几何模型神经网络隐式函数表示方法包括占位网络(Occupancy)、符号距离函数(Signed Distance Function,SDF)等。例如,像素对齐隐式函数(PiFU)通过神经网络,根据输入的单视点图像或多视点图像,学习到人体外表面的隐式函数。在训练阶段,输入单张图像,通过两个自编码器分别学习人体表面的概率分布并推断可能的纹理,同时实现视点变换矩阵的学习。在测试阶段,输入一张图像,首先通过神经网络得到占位网格表示,然后利用 Marching Cube 算法重建外表面,最后再利用 UV(紫外光线)技术实现纹理重建。

2. 智能化的物理建模

目前对于虚拟对象的物理建模,按照所研究的对象类型,可大致分为人体运动建模、柔性体建模与流体建模三类。

1) 人体运动建模

对人体运动建模来说,主要是使用神经网络来进行运动数据帧的合成。通过对原始运动数据对齐并设置标签,把预处理后的数据向量化,并将向量化结果作为神经网络的输入进行编码,学习网络权重。通过编码-循环-解码(Encoder-Recurrent-Decoder,ERD)模型,在循环层的前后加入非线性的编码和解码网络,用于识别和预测人体运动的姿态。将特征表示与运动时序动态结合,ERD 模型在隐变量空间使用长短期记忆(LSTM)网络模型来预测人体运动的下一个姿态。

2）柔性体建模

对柔性体建模的主要思想是利用深度学习进行虚拟对象的变形。例如,使用基于网格变分自编码器进行衣物等柔性体变形。该方法利用深度神经网络探索虚拟对象的潜在形状空间,并且能够通过对现有虚拟对象的变形生成原始数据集中不存在的新的虚拟对象。为了有效表示任意的网格模型,该框架使用变分自编码器和旋转不变网络的曲面表示方法,并使用全连接的网络架构和简单的基于均方差的重构损失函数。

3）流体建模

在传统的基于欧拉网格法的流体建模框架中,投影步求解过程往往是计算资源和计算时间消耗占比最大的一部分,特别是对于高精度、高分辨率的大规模流体场景,传统的流体建模算法不论是在计算速度,还是在模拟效果上,均存在明显不足。随着人工智能技术的深入发展,深度神经网络模型以其强大的数据学习能力,被广泛应用至计算机图像分类、语音识别、流体细节合成等研究领域,其稳定、高效的计算模式,为计算机流体模拟提供了一种新的问题解决途径。

5.2.2　智能化渲染

虚拟场景的真实感渲染是指通过计算机模拟光线在 3D 场景中传播的物理过程,将设计者创作的由视点、光源、三维几何形状、动画、材质等组成的场景转换为高度真实感的连续帧画面。全局光照能够模拟真实光线在场景中传播的过程,对渲染真实感具有至关重要的作用。而全局光照技术的核心在于渲染方程,该方程能够计算光束和三维物体的交互过程中的能量传递,具有全局性、递归性等特点,可以使整个虚拟场景在光照传播过程中保持能量守恒。全局光照计算需要耗费大量的时间和计算资源,虽然目前可以加速渲染的方法有很多,但其依然是高度真实感渲染领域的瓶颈。

近年来,人工智能技术的发展激发了大量基于神经网络的真实感渲染的相关研究。这些研究分别集中于解决真实感渲染流程中的某个问题,并取得了很好的效果。例如,一些研究者提出了轻量级的材质建模方法,可以替代工业界传统采用的复杂的材质制作流程;一些研究者还利用数据驱动的机器学习方法大幅提升了全局光照的计算速度。此外,许多商业渲染器已经集成了基于机器学习的后处理降噪技术。但是,目前机器学习方法并没有在所有真实感渲染领域得到应用,对于一些特殊效果的渲染,例如毛发、布料、复杂光源的渲染,依然有待于寻找机器学习解决方案。

下面简要介绍人工智能技术在全局光照计算优化、参与介质渲染优化等方向的进展。

1. 智能化全局光照计算

全局光照算法同时考虑了直接来自光源的光线(直接光照)和经过其他表面反射的光线(间接光照)。使用全局光照算法可以模拟现实世界中的大部分光照效果,如阴影、环境遮挡、反射、焦散、次表面散射等现象。然而,全局光照计算十分耗时,通过使用机器学习方法加速计算是目前的研究热点。

1）基于预计算辐照度的间接光照计算

加速计算全局光照的一种常见做法就是预先计算出虚拟场景的全局光照信息(如辐射度),并将其存储于三维空间的几何形状上。这些预存储的信息会在视点改变时再次被利用,从而避免重复昂贵的光照计算。例如,构建一种辐射度回归函数(Radiance Regression

Function，RRF），随后使用机器学习方法将其建模为一个多层神经网络，用以快速、实时地计算全局光照效果。该函数可以根据表面上每一点的视点方向与光照条件，计算出该点的间接光照信息。

在使用 RRF 进行实时渲染时，首先进行直接光照的计算，同时获取每个表面点的属性，然后由基于神经网络的 RRF 模型计算得到每个表面点的间接光照信息，并与计算的直接光照信息进行合成，得到最终的全局光照结果。该方法可以实时渲染出带有全局光照效果的分辨率为 512 像素×512 像素的结果图片，并保持渲染 30fps 以上的速度，可有效渲染出包括焦散、高频的反射、间接硬阴影等复杂的光照效果。但是，该方法只适用于静态几何场景，允许光源和视点变化。

2）基于机器学习的路径指导方法

使用机器学习或统计学习方法优化光路传输也是实现快速计算全局光照效果的途径之一。传统路径跟踪或者双向路径跟踪方法，在进行 BSDF（双向散射图分布函数）或者光源采样时，通常只考虑到局部的信息，而没有考虑到全局的信息，因此导致在复杂光路时，得到一些对整体贡献较少的路径，从而使得渲染噪声较大。路径指导则是通过一定的方式来获取光路中的更多全局信息，并且根据这些信息来指导重要性采样，从而达到减少噪声的目的。近几年，研究者开始关注基于机器学习的路径指导方法，该方法对于全局光照加速计算效果显著。

3）光照采样算法的优化

利用大规模数据集，针对首次反弹入射辐射场的自适应采样和重建训练神经网络，可以有效优化现有光照采样算法的时间性能。该方法结合了基于深度强化学习（DRL）的质量网络（Quality Network，Q 网络）和基于 4D 卷积神经网络的重建网络（Reconstruction Network，R 网络）。Q 网络可预测和指导自适应采样过程，R 网络可重构 4D 空间中的入射辐射场。

2. 智能化参与介质渲染

在真实场景中，随时可见各式各样的参与介质（如蜡烛、牛奶、橄榄油、烟雾等），光线在参与介质中传递时会被吸收或者发生散射。为了模拟介质中的散射现象，需要花费大量计算时间。特别是由异质密度形成的可见结构（如大气云）更加挑战渲染算法的效率。参与介质的表观通常是由成千上万的内部光子相互作用而成，即使是忽略它的离散性质，用连续体积近似模拟，通过求解辐射传递方程来估算光传输仍需大量计算。而基于预计算的方法将特定的材质的散射信息用表存储起来，渲染时直接从预存表中提取对应的辐射度值。但是这类方法耗费大量的表存储空间。故目前参与介质渲染方法在互动性、即时性和吞吐量大的应用需求中尚存在较大瓶颈。一些方法通过简化计算来提升渲染速度，例如近似值扩散理论、密度估计、半解析解等方法，但是这些方法大大降低了渲染质量。

近年来，有学者提出使用蒙特卡洛积分和神经网络相结合来高效地渲染大气云的技术 RPNN（Radiance-Predicting Neural Networks）。该方法从大量样本中提取采样点对应的相关着色位置和光源的几何信息，再将这些信息输入深度神经网络中，以得到最后的辐射度。研究者们使用了一个基于点模板（stencils）的层次结构。其中，每一层模板的覆盖范围是上一层的 8 倍。这样输入信息不仅能够表示微小的细节，同时又能有大气云的整体形状信息。该方法使用一个 10 层的渐进式学习神经网络来学习逐点的辐射度，每一层的输入来自上一层神经网络和新的点模板。该方法在保证渲染质量的同时,渲染速度提高了千倍。

5.3 智能化建模实例——基于深度学习的流体建模

5.3.1 背景知识

如前所述,使用传统方法进行高分辨率流体建模需要大量的计算资源以及时间。为加速仿真过程,基于深度学习的流体建模方法进入了人们的视野。和传统流体建模方法类似,基于深度学习的流体建模方法也分为两大分支,即由拉格朗日法衍生出的光滑粒子流体动力学(Smoothed-Particle Hydrodynamics,SPH)方法,以及由欧拉法衍生出的离散网格法。前者的核心思想是将 SPH 中粒子各种属性的求解问题转换为粒子速度以及位置的回归问题,可使用随机森林等模型进行训练;后者则主要针对规则网格中的每一个网格的属性进行独立处理,利用全连接神经网络编码当前位置的特征,包括压力、速度的梯度以及边界条件等。与 SPH 方法相比,离散网格法可以产生连续的输出,进行更加细致的建模。

下面将介绍一种基于卷积神经网络(Convolutional Neural Networks,CNN)的离散网格流体建模方法。

5.3.2 基于深度学习的流体建模方法

流体建模主要围绕三大变量进行:密度场、速度场、压力场。其中,密度场的变化可以通过使用速度场进行平流导出,对速度场进行压力投影操作可以计算压力场,通过压力场并根据牛顿第二定律可以对速度场进行更新。因此,速度场与压力场在流体仿真过程中驱动流体的运动,而密度场则更加容易观测。

使用基于深度学习的流体建模方法时,直接拟合密度场较为困难,这是因为流体作为不定形物体,不存在较强的形状先验知识。因此,构造训练数据集时,需要遍历各种密度场的分布情况以及各种训练参数才可以对虚拟场景有较好的覆盖,而为了拟合海量的数据,需要大量网络参数以及漫长的模型训练时间。网络参数量越大,在进行推理时,就会拖慢推理速率,从而降低使用深度学习方法相较于传统方法的优势。使用深度学习的方法拟合速度场也较为困难,因为速度场在仿真的过程中受外力、黏性等影响,不够稳定。因此,这里使用散度场作为输入,利用 CNN 拟合压力场的方法进行流体建模。整个算法大致分为流体建模数据集的构建以及 CNN 流体求解模型的构建与训练两部分。

1. 算法实现

1)流体建模数据集的构建

为了尽可能地覆盖真实世界的流体种类,创造多样化的流体训练数据,使用流体仿真系统 Mantaflow 进行离线流体数据的生成,并采用以下策略生成丰富且贴合实际需求的流体数据集:

(1)使用随机的小波湍流噪声(Wavelet Turbulent Noise)初始化空间中的速度场。

(2)在空间中随机放置一些基本几何体与真实世界中常见的物体作为空间障碍物。

(3)仿真时,在空间中随机添加局部噪声。

(4)在仿真空间中的随机位置,添加随机大小、随机强度并且发射时间随机的速度源,以便增加仿真空间的扰动。

在初始化速度场时,使用小波湍流噪声进行初始化。为了保证初始速度场尽可能地无散,采用首先初始化低分辨率的小波湍流噪声,然后进行插值到高分辨率,再进行多帧仿真的方式生成初始无散速度场。因为小波湍流噪声会有细微的散度,若使用其进行初始化,会影响后续训练,通过进行从低分辨率到高分辨率的插值,可以有效降低空间中的散度,插值后进行 10 帧的仿真,可以进一步稳定并消除散度。为了保证数据的多样性,初始小波湍流噪声的控制变量(噪声强度、噪声的相对缩放、噪声位置等)都是随机产生的。

空间障碍物分为两类,一类为基本几何体的模型,一类为真实生活中常见对象的 3D 模型。这里使用的基本几何体包括球体、正方体等;真实世界对象的 3D 模型则取自 NTU 3D 数据集,其典型例子如图 5.5 所示。

图 5.5　NTU 3D 数据集中的模型

在进行流体仿真数据生成时,使用 0.125s 作为时间迭代步长,总共进行 256 帧的仿真,每 8 帧记录一次当前的流体状态。记录的信息包括:流体当前状态的速度场、压力场以及空间障碍物的信息。对于 2D 仿真数据生成,设置仿真空间分辨率为 256 像素×256 像素,一共生成 320 个流体仿真场景,每个场景 64 个训练数据,总大小为 26GB。对于 3D 仿真数据生成,设置仿真空间分辨率为 64 像素×64 像素×64 像素,一共生成 320 个流体仿真场景,每个场景 64 个训练数据,总大小为 450GB。图 5.6 展示了在 2D 空间得到的流体仿真数据,颜色的深浅表示该点速度的大小,越偏向深色,速度越小,越偏向浅色,速度越大。白色部分表示位置被障碍物占据,不存在流体。

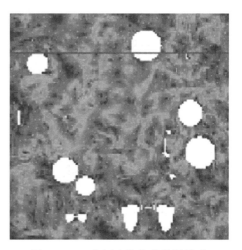

图 5.6　2D 空间流体仿真数据展示

2) 基于 CNN 的流体建模

CNN 流体建模网络可以表示为下列公式:

$$p = f_{conv}(\nabla \cdot u_{div}, o_t) \tag{5.1}$$

其中,f_{conv} 表示深度学习模型,其输入为当前速度场 u_{div} 的散度场 $\nabla \cdot u_{div}$,以及当前网络仿真空间的障碍物边界情况 o_t,输出为仿真空间中的压力场 p。使用压力场对有散速度进行速度更新,可获得接近无散的速度场,通过极小化更新后的速度场散度可对网络进行训练。为了节省参数,并且保证求解结果在全局以及局部上都较为恰当,选择基于 CNN 的多尺度网络对输入数据进行处理。流体仿真网络结构图如图 5.7 所示。

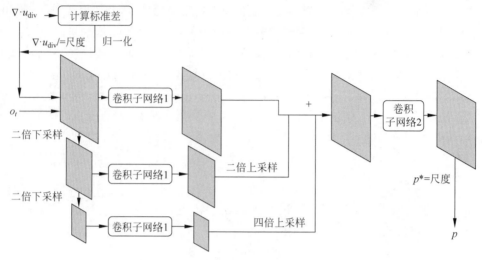

图 5.7 流体仿真网络结构图

该网络的计算分为 4 步。

(1) 计算输入的散度场 $\nabla \cdot u_{\mathrm{div}}$ 的标准差,并根据标准差将输入的散度场进行归一化。使用深度学习进行流体建模的一大难点是流体速度场并没有统一的流速尺度,不同的流体流动场景中,流体的流速可能会有上百倍的差距,而一般的深度模型只能对一定范围的数据进行拟合,对于超出响应范围的数据输入往往不能产生理想的效果。因此,通过归一化,对不同尺度的输入归一化到同一分布,让输入更加利于网络学习,从而降低网络结构的复杂度。

(2) 将输入的归一化散度场以及虚拟场景中障碍物的标记矩阵分别进行 2 倍与 4 倍的下采样,并使用共享参数的卷积子网络 conv subnet1 对其进行处理。该方法使得网络在不同尺度上都有较为合理的输出,同时也有效降低了网络参数以及计算代价。为了获得全局较为合理的结果,需要极大地增加其卷积有效感受野的范围,这无形中就增加了网络的参数量以及训练与预测时间,而使用共享参数的多尺度网络对其进行预测处理,则可以在保留细节的同时,获得更大网络的感受野范围,从而获得较为理想的结果。子卷积网络 conv subnet1 是具有 3 层结构的全卷积网络,每层包含卷积操作、批量归一化操作以及激活操作。

(3) 为对多尺度网络的输出分别进行 1 倍、2 倍、4 倍的上采样到输入的大小,然后通过第二个子卷积网络 conv subnet2 得到归一化的输出结果。该步骤通过对多尺度输出进行综合,得到了兼顾全局以及局部归一化的压力场输出结果。conv subnet2 是一个 4 层卷积神经网络,具有与 conv subnet1 相近的结构,每一层同样包含卷积、批量归一化、激活等操作。

(4) 对归一化的压力场输出结果使用网络输入时的归一化参数进行还原,获得与输入量级相匹配的压力场预测结果。

网络通过极小化速度更新后的散度进行训练,损失函数可以表示为下列公式:

$$\text{loss} = \frac{1}{n} \sum w_i \mid \nabla \cdot u_t \mid^2$$
$$= \frac{1}{n} \sum w_i \left| \nabla \cdot \left(u_{\text{div}} - \frac{1}{\rho} p \right) \right|^2 \qquad (5.2)$$

其中，$\nabla \cdot \left(u_{\text{div}} - \dfrac{1}{\rho} p \right)$ 为速度更新后的散度，w_i 为对位置 i 的误差的加权。该训练方法有两点优势：首先，该方法可以实现了完全的无监督学习，并不需要训练数据的标签，对数据集的生成要求较低；其次，该方法可以使用网络自己生成的数据进行训练，从而可以让网络自动纠正学习过程中的产生的微小偏差。

因为带有边界条件的流体训练数据相较于无边界条件的流体训练数据较为稀少并且受限于流体建模网络的容量，网络会在边界条件下拟合效果不佳，对此使用误差加权参数 w_i 对不同位置的误差进行加权，加强网络对存在边界条件的样本的学习。w_i 的定义如下列公式所示：

$$w_i = \max(1, k - d_i) \qquad (5.3)$$

其中，d_i 为位置 i 的距离场值，定义障碍物的内部的距离场为 0，障碍物外部的距离场值是该位置到障碍物的最近的距离。该公式的含义是对于靠近障碍物的样本，线性增大其训练的权重，提升网络在边界条件下的表现效果。

仅使用单帧的流体仿真数据进行独立的训练，每一帧的输出可能存在细小的偏差，经过多帧仿真，会产生误差积累的问题：训练时使用的训练数据是由传统流体仿真算法产生的无散高质量数据，而随着网络建模的进行，误差会慢慢积累，从而导致速度场散度逐渐增大，训练数据分布与仿真时输入数据的分布差距逐渐加大，网络输出不稳定，最终无法获得较长时间序列上的稳定建模结果。为了让基于深度学习技术的流体建模可以在较长的时间内取得相对稳定的结果，应采用网络自动纠偏方法提升网络解算结果的稳定性。网络在训练时，不仅通过极小化当前帧的散度加以训练，还对使用当前网络进行 n 帧的后向仿真，并使用极小化 n 帧仿真后的速度场散度的方法实现网络的自动纠偏。

2. 计算结果

1）参数设置

训练过程中的超参数包括每次训练使用的 Batch Size、迭代轮数、网络学习率、使用网络自动纠偏算法的概率以及其向后建模迭代的步数、每次网络求解的时间步长、建模空间的大小等。

对于 2D 流体建模网络训练，Batch Size 为 64，并对数据集进行 200 轮训练，网络学习率设置为 5e-5，训练时运行网络自纠偏算法的概率为 0.9。每次运行自纠偏算法时，以相等概率进行 4 步或 16 步后向仿真，并使用其结果作为训练数据，对于边界条件位置的损失函数加权值 k 设置为 2。流体的迭代步长为 0.1s，并在 128 像素×128 像素的空间中进行训练。

对于 3D 流体建模网络的训练，因为 3D 包含着更多的信息，使用 128 像素×128 像素×128 像素的仿真空间会超过当前的硬件限制。因此，将 3D 仿真训练的分辨率降为 64 像素×64 像素×64 像素，并且 Batch Size 设置为 32。网络学习率设置为 5e-3，其余参数保持不变。

2）2D 流体建模结果展示与分析

在进行 2D 建模时，实验设置空间分辨率为 128 像素×128 像素，并且设置初始密度源位于空间底部,直径为 38 像素,其发射密度的初始速度场为 1 像素/s,并且初始喷射密度也恒定为 1g/像素,迭代步长为 0.1s。

图 5.8 和图 5.9 分别展示了使用传统的预处理共轭梯度法(Preconditioned Conjugate Gradient,PCG)和本节算法,在相同仿真条件下对流体的建模结果。两幅图第一行的三幅子图分别展示了密度场、x 方向速度场、y 方向速度场的图像。第二行的两幅子图分别是压力场图与散度场图。

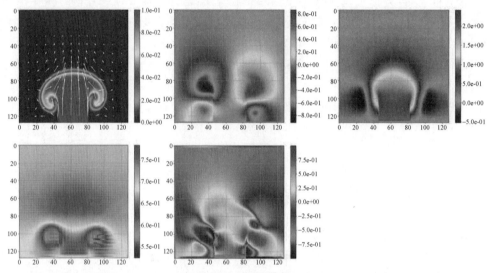

图 5.8　传统 PCG 流体求解器建模结果展示

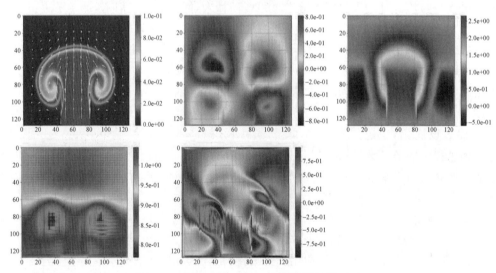

图 5.9　基于 CNN 的 2D 流体建模结果展示

如图 5.9 所示,在无障碍物、无噪声的情况下,建模结果呈现标准的对称状,并且从 x 方向速度场可以看出由于流体由下往上流动,上部中间的密度场有向两侧扩散的速度,并且为保证流体的不可压缩性质,下面两侧的速度场有向中间运动的趋势。因为流体在推动物质向上运动,因此上方的压力较大,与之相对应,下方的压力较小。散度场图显示整个建模空间的散度都控制在较小的范围内。与使用传统 PCG 流体求解器的结果相比,基于 CNN

的方法的建模结果与其总体相近,但在流体边界细节上仍有一定缺失,图中用白色框显示。

图 5.10 进一步展示了在遇到正方形障碍物之后的流体建模结果。

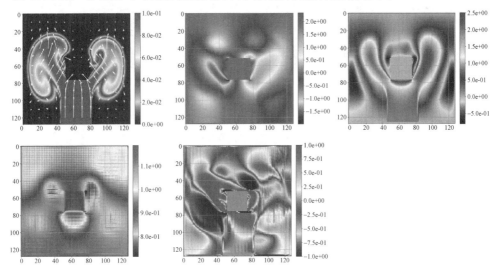

图 5.10　2D 流体与正方形障碍物的交互展示

如图 5.10 所示,在流体接近障碍物的区域都呈现较大的压力,压力迫使速度场向障碍物两侧进行扩散,并且流体密度场并未与障碍物发生明显碰撞,绕开了障碍物继续向上扩散。由此可见,利用本节算法,在面对障碍物时仍能够产生较为合理的结果。

3）3D 流体建模结果展示与分析

进行 3D 建模时,设置空间分辨率为 64 像素 × 64 像素 × 64 像素,并且设置初始密度源位于空间底部,形状为半径为 10 像素的圆形,发射密度的初始速度场为 1 像素/s,并且初始喷射密度也恒定为 1g/像素,迭代步长为 0.1s。

图 5.11 展示了 3D 流体建模的结果,同样也与传统 PCG 流体求解器进行对比。

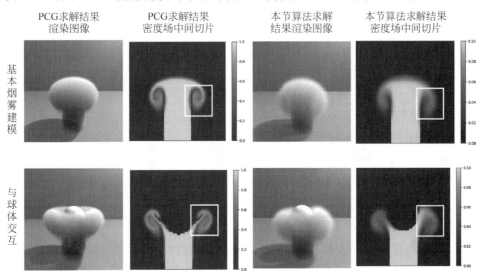

图 5.11　3D 流体建模结果展示

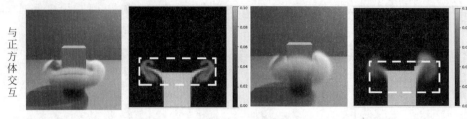

图 5.11 （续）

如图 5.11 所示，从上到下分别为基本烟雾建模、与球体障碍物交互结果，以及与正方体障碍物交互结果；从左到右则分别为 PCG 流体求解器求解结果的渲染图像、PCG 流体求解器求解结果密度场的中心垂直切面可视化、本节算法的渲染图像，以及本节算法求解结果的密度场中心垂直切面可视化。在没有障碍物与噪声干扰的情况下，流体的密度场呈现对称形态，建模效果较为稳定。球体、正方体作为障碍物的建模结果显示本节算法在复杂条件下也可以较好地应对复杂的边界情况，但是在细节生成与求解对称性等方面仍较传统流体求解方法有所欠缺，主要体现在流体边界较为模糊（图中以白色实线框显示）以及对称性不佳（图中以白色虚线框显示）两方面。

4）建模效率分析

基于深度学习的流体建模，其最大优势在于时间效率。表 5.1 展示了基于 CNN 的方法与传统 PCG 流体求解器的速度对比。

表 5.1　基于深度学习的流体建模方法与传统 PCG 方法速度对比

建模维度	PCG 流体求解器建模总时间	深度学习方法流体建模总时间
2D(128px×128px)	0.04s(25fps)	0.006s(180fps)
3D(64px×64px×64px)	0.3s(3fps)	0.0125s(80fps)

上述结果是在 28 核心的 Intel Xeon Gold 6130T CPU 以及 Nvidia Titan V GPU 的机器上得到的。由表 5.1 可见，基于深度学习的方法在 2D 与 3D 的流体建模任务中相比传统方法都取得了巨大的进步。

5.4　智能化渲染实例——三维积云的可微渲染

5.4.1　背景知识

1. 可微渲染

近年来，可微渲染成为学术界研究的热门方向。可微渲染的本质是传统图形渲染的逆向过程。传统意义上的渲染过程是指根据三维几何信息渲染得到二维图像的前向过程。可微渲染与之相反，它是根据传感器、摄像机等物理设备获取的数据去逆向推测渲染所需的几何、光照条件、材质，以及运动等参数，以便图形渲染器可以准确地还原真实的渲染场景。因此，可微渲染实际上是从二维图像恢复到三维场景的逆向过程，其核心任务是构建渲染图像与模型参数之间的关系。

根据所要恢复的虚拟场景的数据表示方式，可将现有可微渲染方法分为基于点云、体素和网格三类方法。由于三角形网格能够更好地表示虚拟对象的拓扑关系，目前主流方法大多采用三角形网格作为研究对象。从技术路线的角度,现有方法又可分为解析导数法、近似渲染法与全局光照法。

解析导数法是指利用相邻三角形的渐变过程或者使用连续的渲染函数代替传统渲染过程中离散的部分,例如光栅化过程。其主要目的是使得整个渲染过程连续可导,为使用深度学习的方法训练求解渲染所需的参数提供便利。

近似渲染法主要针对光线追踪或光线行进算法,将被遮挡的虚拟场景部分的信息也加入正向渲染流程中。例如,利用基于概率分布的"软光栅化"代替标准的光栅化中基于深度缓存的可见性判断与裁剪等操作,使最终投影到屏幕上的每个像素的每个三角形面片都能以一定的概率贡献其颜色。通过这种方式,可以避免传统渲染过程中因可见性判断而出现不可微的问题。

全局光照法即利用蒙特卡洛估计法计算每个像素的颜色值。针对蒙特卡洛估计中光线反复求交运算导致计算量庞大,以及光线在物体边界处的不连续项无法求导的问题,通过一些数值优化方法使整个渲染过程可微化。例如,利用积分参数化来近似不连续部分的导数等。

对参与介质的辐射传输方程求导,实现对体渲染的逆向求解,这样的渲染器不仅支持三角形网格的刚性物体,而且支持参与介质的体渲染过程。然而,由于次散射过程的复杂性,每一次渲染计算开销都非常大,计算效率低下导致优化效果较差。

2. 参与介质的辐射传输方程

空气中特定粒子的物理属性决定了它与光线的相互作用效果,不同的粒子作用效果也不同。通常,光线在云层中发生常见的传播情况主要有 4 种:吸收、向外散射、向内散射、自发光。

如图 5.12(a)所示,当光子穿过云层时,它的能量会被吸收一部分,这部分被吸收的能量沿着 ω 方向的变化量在单位距离的微分形式如下列公式所示:

$$\frac{\mathrm{d}I}{\mathrm{d}z} = -k_a(x)I(x,\omega) \tag{5.4}$$

其中,$I(x,\omega)$ 是在 x 点处沿 ω 方向的辐射强度,$k_a(x)$ 表示在 x 点的吸收系数,$\frac{\mathrm{d}I}{\mathrm{d}z}$ 表示辐射值在距离 z 范围内的微分形式。所以,在单位距离 $\mathrm{d}x$ 中对于辐射强度的吸收值为 $k_a(x)\mathrm{d}x$。而且,$k_a(x) = \sigma_a\rho(x)$,其中 σ_a 是参与介质的吸收截面,$\rho(x)$ 是所处位置的密度。同理,如图 5.12(b)所示,光子还会发生向外散射,散射系数为 $k_s(x)$,辐射强度为 $I(x,\omega)$ 的向外散射过程的微分形式与公式(5.4)类似,向外散射系数 $k_s(x) = \sigma_s\rho(x)$,其中 σ_s 是参与介质的散射截面。由于吸收与向外散射的物理作用都是对辐射强度的衰减,所以通常可以把两者合并,即 $k_t(x) = k_a(x) + k_s(x)$,$k_t(x)$ 也被称为消光系数。

如图 5.12(c)所示,光子不仅会减弱,同样也可能会被加强,这就是向内散射过程,即周围的光散射进来一定辐射,向内散射项目系数为 $k_s(x)$。最后,对于其他特殊物质,如果粒子可以进行自发光,如烟花、岩浆等,如图 5.12(d)所示。这也是一种辐射量的增强,并以 $k_a(x)$ 的系数将周围的辐射强度吸收进来。但是针对积云渲染时,可以忽视这种情况。综上所述,积云渲染模型在单位路径 z 下的微分形式如下列公式所示:

$$\frac{\mathrm{d}I(x,\omega)}{\mathrm{d}z} = -k_a(x)I(x,\omega) - k_s(x)I(x,\omega) + k_s(x)I_s(x,\omega) \tag{5.5}$$

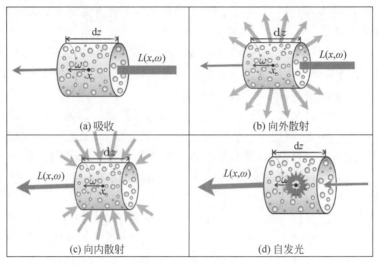

图 5.12　光线与参与介质的 4 种交互情况

公式(5.5)给出了介质中某一点辐射强度的变化情况,那么如果想得到最终射到摄像机的辐射强度,就必须将某一点的微分形式转换成路径的积分形式,如下列公式所示:

$$I(x,\omega)=\int_0^z \tau(x,y)\big[k_a(x)I_s(y,\omega)+k_s(x)I_s(y,\omega)\big]\mathrm{d}y \tag{5.6}$$

$$\tau(x,y)=\mathrm{e}^{-\int_0^y (k_a+k_s)\mathrm{d}s} \tag{5.7}$$

$$I_s(y,\omega)=\int_{S^2} p(\omega,\bar{\omega})I(y,\bar{\omega})\mathrm{d}\bar{\omega} \tag{5.8}$$

其中,$I(x,\omega)$ 表示最终的辐射强度,y 表示路径中的任意一点,$L_s(y,\omega)$ 表示内散光,由该点的射入光线的立体角积分形式给出,$p(\omega,\bar{\omega})$ 表示相位方程,S^2 表示该点的立体角面积。$\tau(x,y)$ 表示从 x 点到 y 点这段距离光的损失比例,由消光系数在光学厚度上的积分给出。下面详细介绍 $\tau(x,y)$,如图 5.13 所示,一束光线经过参与介质并从 x_a 处射出,经过上述的物理作用之后射出的辐射强度遵循比尔定律,如下列公式所示:

$$I(x_a,\omega)=I(x_b,\omega)\mathrm{e}^{-\int_{D_2}^{D_1} k_t(x_u)\mathrm{d}u}=I(x_b,\omega)\tau(x_b,x_a) \tag{5.9}$$

其中,$\int_{D_2}^{D_1} k_t(x_u)\mathrm{d}u$ 表示光学厚度,它指的是消光系数在路径上的积分,积分项提取成 $\tau(x_b,x_a)$,表示 x_b 与 x_a 两点之间的透光率。

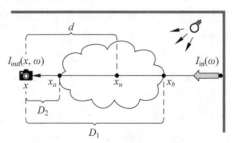

图 5.13　辐射传输过程示意图

此外，辐射强度由于自发光和向内散射而增强。为了导出辐射传输方程，必须考虑辐射增量。光在参与介质中的传输过程由辐射传输方程表示，如下列公式所示：

$$I_{out}(x,\omega)=\int_{D_2}^{D_1}\tau(x_u,x_a)k_t(x_u)J(x_u,\omega)du+I_{in}(\omega)\tau(x_b,x_a) \tag{5.10}$$

其中，x_u表示距离D_1到D_2之间的任意一点，通过对这段距离进行辐射强度积分(前一项)以及计算背景光(后一项)，得到了光线射出参与介质并进入人眼的辐射强度I_{out}。其中的$\tau(x_u,x_a)k_t(x_u)$已经由上述给出，$J(x_u,\omega)$表示辐射强度的来源，它的具体组成如下列公式所示：

$$J(x,\omega)=J_e(x,\omega)+J_{ss}(x,\omega)+J_{ms}(x,\omega) \tag{5.11}$$

辐射来源$J(x,\omega)$由三项组成，$J_e(x,\omega)$描述由于参与介质的自发光而产生的辐射强度，由于参与介质并无自发光的特性，暂时不用考虑这方面的辐射强度，$J_{ss}(x,\omega)$表示由于光源的单次散射而增加的辐射强度，$J_{ms}(x,\omega)$表示由于多次前向散射而增加的辐射强度。

公式(5.10)虽然给出了辐射强度的积分形式，但是在实际渲染的过程中，不可能求得准确的积分结果，只能利用离散形式进行估计。传统体渲染方法会用到蒙特卡洛估计法。如上所述，蒙特卡洛估计法就是在一条路径上进行多次采样，已知辐射强度的积分形式，就可以对每个采样点进行辐射强度的计算。从摄像机发出多条光线，每条光线穿过虚拟场景，遇到虚拟对象发生折射和反射，完成递归的过程。对于积云场景，需要在一条光线路径上进行蒙特卡洛采样，并计算每个采样点的辐射强度，将每一个点的辐射强度除以该采样点的概率密度函数，得到该路径的实际辐射值，然后进行下一次递归，直到超过最大求交次数。从以上描述可见，传统体渲染方法计算复杂度高，时间开销较大。

下面将介绍一种针对积云这种参与介质的可微渲染算法。该算法针对积云的辐射传输方程进行优化，在保证渲染效果的前提下，提升了渲染效率。

5.4.2 针对积云的可微渲染方法

这里所介绍的可微渲染算法大致分为三个模块。第一个模块是积云的正向渲染过程，为了提高渲染算法的时间效率，使用光的多次前向散射近似代替光线传播中的多次散射，根据初始化的密度场、光照、摄像机位置、消光系数等参数，通过体渲染得到二维图像。第二个模块是渲染参数的梯度计算，根据设定的渲染参数，保存中间过程中每一个中间变量对该场景参数的导数，并通过链式法则得到二维图像像素值对该参数的导数。最后一个模块是逆向过程的优化，根据导数以及渲染图像和目标图像的损失值，利用随机梯度下降算法实现场景参数的优化过程。根据该算法，可以实现了针对光照颜色、吸收系数、散射系数、密度场的正向渲染及逆向优化过程。

1. 算法实现

可微渲染的总体框架如图5.14所示。

可微渲染的主要目的就是利用神经网络来推断场景的渲染参数，从而减少传统算法在计算渲染参数(这里就是辐射强度)时的开销。整个算法主要包含两个模块，正向渲染与逆向渲染。首先定义目标图像I_{target}，这张图像是真实的二维图像，目标是找到这张图像对应的三维场景中的渲染参数B_{target}。对正向渲染来说，初始化渲染参数为B_{init}，并根据给定的渲染参数得到一张渲染图像I_{out}。接着，计算渲染图像与目标图像的误差，并用损失函数表

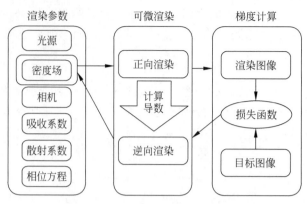

图 5.14　可微渲染算法的总体流程

示。通过梯度下降算法将损失函数反传到渲染参数上，以确定下一步优化的方向，并根据步长更新渲染参数 B'。不断重复上述过程，直到损失值达到令人满意的结果。此时的渲染参数 B' 就是可微渲染算法最后优化的结果。

对积云这种参与介质，主要应关注光线的多次前向散射过程。下面分别介绍积云的正向渲染、逆向渲染，以及优化过程。

1）积云的正向渲染

多次前向散射过程如图 5.15 所示。给定初始渲染参数，首先通过预计算得到逐网格的散射强度计算量，然后利用光线行进法进行逐像素的散射强度计算，最终得到渲染图像。

图 5.15　积云的正向渲染过程

（1）单次散射的预计算。首先计算单次散射。单次散射模拟光源经过介质在单一方向上的散射，如下列公式所示：

$$J_{ss}(x,\omega) = \frac{\Omega}{4\pi} \int_{4\pi} I_{ri}(x,\omega') p(\omega,\omega') d\omega' \tag{5.12}$$

$J_{ss}(x,\omega)$ 是单次散射强度，表示外界光源的光子经过第一次散射就进入到该 x 点的 ω 方向的数量。$p(x,\omega)$ 指的是该点的相位方程，$I_{ri}(x,\omega)$ 表示该点光线辐射的剩余量。因为每一个点都会受到来自四面八方的单次散射光，所以需要在该点上的所有入射光线进行球面积分，由于球面的立体角积分为 4π，所以要在最外层除以 4π。Ω 表示该点透光率，表示该点通过参与介质的相互作用后，继续沿着 ω 方向行进的辐射量比重。它的数值计算方法由 $\frac{\sigma_s}{\sigma_t}$ 给出，表示了单位距离中光可以被透射出的强度的比例。

将上述积分形式转换为可计算的离散形式，通过构造规则网格，依次计算光线经过的每个网格的单次散射量，如图 5.16 所示，遍历每个三维网格，求解该点的辐射剩余量。将它的位置作为起点，它与光源的连线作为方向。根据这个方向与体数据进行求交计算，得到交点和路径长度。在这段长度之内，依次行进一个个网格，并累加光学厚度。最后，通过光学厚度、消光系数和光源强度，求解每个像素点的辐射剩余量。

因为在预计算阶段已经计算好了 $I_{ri}(x,\omega)$ 的数据场并保存下来，所以在计算每个点的

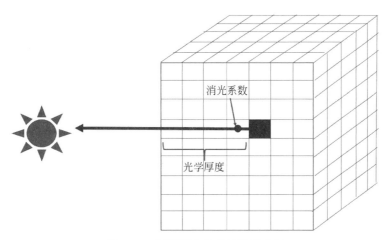

图 5.16　辐射剩余量的计算示意图

单散光时,就变得更加高效。渲染过程中,从视点出发,发射多条光线,每条线沿着该方向进行光线行进,最终的累积量就是每一个像素的辐射强度。

(2) 多次散射项的预计算。为优化计算效率,计算辐射传输方程应借助扩散理论,并通过近似计算多次散射过程来提高计算效率。按 Nishita 的理论,在云层内部的多次散射过程中,只有沿着光入射的方向附近的散射光(前向散射光)对于多次散射强度的贡献量最大,其他方向的贡献可忽略不计。因此,可以简化云的光照模型,近似计算沿着光源方向的散射,从而减少计算量。

在此前提下,利用辐射传输的扩散理论,可将光线的多次前向散射强度表示为泰勒展开式的前两项,如下列公式所示:

$$I_d(x,\omega) = I_d^0(x_u) + I_d^1(x_u) \cdot \omega \tag{5.13}$$

其中,$I_d^0(x_u)$ 是各个方向辐射强度的平均值,由一个微分方程表示,如下列公式所示:

$$\nabla k(x_u) \cdot \nabla I_d^0(x_u) + k(x_u) \cdot \nabla^2 I_d^0(x_u) - \alpha(x_u) I_d^0(x_u) + S(x_u) = 0 \tag{5.14}$$

$$k(x_u) = (\sigma_{tr}\rho(x_u))^{-1} \tag{5.15}$$

$$\alpha(x_u) = \sigma_a\rho(x_u) \tag{5.16}$$

$$S(x_u) = \sigma_s\rho(x_u)Q_{ri}^0(x_u) - \frac{\sigma_s}{\sigma_{tr}}\nabla Q_{ri}^1(x_u) \tag{5.17}$$

其中,$Q_{ri}^0(x_u)$ 和 $Q_{ri}^1(x_u)$ 是光源辐射剩余量的泰勒展开式的前两项,用于计算多次前向散射,其表示形式如下列公式所示:

$$Q_{ri}^0(x_u) = I_{ri}^0(x_u) \tag{5.18}$$

$$Q_{ri}^0(x_u) = I_{ri}^0(x_u) \tag{5.19}$$

$I_d^1(x_u)$ 表示多次前向散射的主方向分量,如果求解得到了 $I_d^0(x_u)$ 的数据场,就可以进一步得到 $I_d^1(x_u)$ 的计算结果,其表示形式如下列公式所示:

$$I_d^1(x_u) = k(x_u)(-\nabla I_d^0(x_u) + \sigma_s\rho(x_u)Q_{ri}^1(x_u)) \tag{5.20}$$

当得到了 $I_d^0(x_u)$ 和 $I_d^1(x_u)$ 的计算结果,就可以将辐射传输中多次前向散射的积分形式转换为由这两个变量表示的形式,不再需要进行蒙特卡洛采样并求积分,而是迭代求解离

散形式的微分方程,如下列公式所示:

$$J_{ms}(x_u,\omega) = \frac{\Omega}{4\pi}\int_{4\pi}(I_d^0(x_u)+I_d^1(x_u)\cdot\omega)p(\omega,\omega')d\omega'$$

$$= \Omega I_d^0(x_u)+\frac{\Omega\bar{\mu}}{3}I_d^1(x_u)\cdot\omega \qquad (5.21)$$

由于多次前向散射只需计算沿光线前进方向的散射量,省略了采样和递归的过程,可以将散射强度的计算放在离线阶段,通过将计算的 $I_d^0(x_u)$ 和 $I_d^1(x_u)$ 存储在每一个网格中。在实时渲染时,采用光线行进法,当与某个网格相交时,直接调用预计算的数据,使用公式(5.21)便可求出散射强度。

(3)光线行进法。光线行进法(Ray-Marching)是路径追踪算法中,针对体渲染的特殊处理方法。这一算法的核心是从视点出发连接成像平面各像素点,向视锥内发射射线,并使用采样的方法按照一定的规则累积该射线上的辐射强度值,最终渲染在对应像素点上。

对于积云渲染任务,首先定义了一个固定体积的积云密度场,然后利用从视点出的光线与包围盒求交点,前交点和后交点分别相交于体积的前后两侧,路径为两个交点之间的距离,按照固定步长一步一步往前计算亮度,并将亮度进行累加,如图5.17所示。

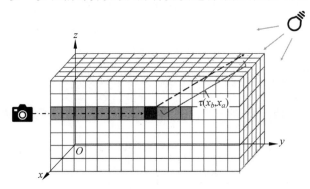

图 5.17　Ray-Marching 过程示意图

在预处理阶段,已经计算好单次散射光和多次前向散射光的数据场,此时可以从视点出发,依次生成射线,将射线与包围盒直接进行求交计算,并在两个交点之间进行射线的 Ray-Marching 过程,将辐射强度进行累加并计算最终该像素的亮度。

2) 积云的逆向渲染

逆向渲染的目标是通过渲染得到的图像推断原始三维场景的几何、光照、纹理、材质、运动等信息。对积云这种参与介质的渲染,主要需要推断的参数包括光源强度、光源颜色、介质密度、吸收系数、散射系数等。这些也是正向过程渲染中需要的初始参数。

可导性、连续性是可微渲染的必要条件,算法的关键就在于如何解决体渲染的不可导问题。积云逆向渲染的核心就是求解单次散射与多次散射的导数。

(1)单次散射项的导数求解。公式(5.12)给出了单次散射的计算方法。通过求导法则对其进行求导计算,如下列公式所示:

$$\dot{I}_{ss}(x,\omega) = \int_{D_2}^{D_1}(\dot{\tau}(x_u,x_a)k_t(x_u)+\tau(x_u,x_a)\dot{k}_t(x_u))J_{ss}(x_u,\omega)du$$

$$+\int_{D_2}^{D_1}(\tau(x_u,x_a)k_t(x_u))\dot{J}_{ss}(x_u,\omega)du$$

$$+\dot{D}_1 \tau(x_b,x_a)k_t(x_b)J_{ss}(x_b,\omega)$$

$$+\dot{D}_2 \tau(x_b,x_a)k_t(x_a)J_{ss}(x_a,\omega) \tag{5.22}$$

为了计算 $I_{ss}(x,\omega)$ 的具体导数，首先要求出每个网格单位的单次散射辐射，即 $J_{ss}(x_u,\omega)$，同理，对其进行求导，并展开如下列公式所示：

$$\dot{J}_{ss}(x_u,\omega) = \frac{\dot{\Omega}}{4\pi}\int_{4\pi} I_{ri}(x_u,\omega')p(\omega,\omega')\mathrm{d}\omega'$$

$$+\frac{\Omega}{4\pi}\int_{4\pi}\dot{I}_{ri}(x_u,\omega')p(\omega',\omega)+I_{ri}(x_u,\omega')\dot{p}(\omega,\omega')\mathrm{d}\omega'$$

$$+\int_{4\pi}<n_\perp,\dot{\omega}'>p(\omega,\omega')\Delta I_{ri}(x_u,\omega')\mathrm{d}l(\omega') \tag{5.23}$$

对上面公式中的 $\dot{\tau}(x_u,x_a)$ 进行求导然后展开得到：

$$\dot{\tau}(x_b,x_a) = -\tau(x_b,x_a)\int_{x_a}^{x_b}(\dot{\sigma}_t \cdot \rho(x_u)+\sigma_t \cdot \dot{\rho}(x_u))\mathrm{d}u$$

$$-\tau(x_b,x_a)(\dot{D}_1 \cdot \sigma_t \cdot \rho(x_b)-\dot{D}_2 \cdot \sigma_t \cdot \rho(x_a)) \tag{5.24}$$

其中，x_a 和 x_b 分别是从视点方向发射的射线与数据场边界相交求得的前交点 (x_a) 与后交点 (x_b)。根据莱布尼兹-雷诺传输定理（Reynolds transport theorem），如果设 n 是两个交点的平面的法向量，p 是在体数据边界上在交点周围的附近一点，ω 表示光线入射的方向，则 D 的导数可以由下列公式表示：

$$\dot{D} = \partial_\pi \frac{<x-p,n>}{<\omega,n>} \tag{5.25}$$

其中，$<>$ 表示两个向量之间的内积。莱布尼兹-雷诺传输定理是在积分公式内部进行求导数的莱布尼兹积分的三维表示形式，主要应用场景为有边界的三维区域的积分项求导数，其原理就是利用了捕获边界上在求导的位置的周围函数的微小变化求解了该点的微分结果。

最后，消光系数由消光截面和该点的密度的乘积决定，消光截面等于吸收截面和散射截面的相加。将消光系数的原公式进行展开求导，可以得到下列公式：

$$\dot{k}_t(x_u) = \dot{\sigma}_t\rho(x_u)+\sigma_t\dot{\rho}(x_u) \tag{5.26}$$

最终，解得了单次散射的导数表达式。

（2）多次散射项的导数求解。针对多次前向散射在路径中的积分，同样对其进行展开。同样，因为公式中出现了积分公式，使用莱布尼兹-雷诺传输定理，求导展开，如下列公式所示：

$$\dot{I}_{ms}(x,\omega) = \int_{D_2}^{D_1}(\dot{\tau}(x_u,x_a)k_t(x_u)+\tau(x_u,x_a)\dot{k}_t(x_u))J_{ms}(x_u,\omega)\mathrm{d}u$$

$$+\int_{D_2}^{D_1}(\tau(x_u,x_a)k_t(x_u))\dot{J}_{ms}(x_u,\omega)\mathrm{d}u+\dot{D}_1\tau(x_b,x_a)k_t(x_b)J_{ss}(x_b,\omega)$$

$$-\dot{D}_2 k_t(x_a)J_{ss}(x_a,\omega) \tag{5.27}$$

其中，对于 $\dot{\tau}(x_u,x_a)$ 的求解参见公式（5.24）。另外，对于 $k_t(x_u)$ 的导数，使用公式（5.26）对其进行计算，对于边界的导数 $\dot{D}_1$ 和 $\dot{D}_2$，已经在公式（5.25）中进行了解释。最后，只剩下每个独立的网格单元的多次前向散射的导数，需要进一步计算。

如图 5.18 所示,网格的每一个点由单次散射 J_{ss} 和多次前向散 J_{ms} 组成。多次前向散射表示为 $I_d^0(x_u)$ 和 $I_d^1(x_u)$ 的线性相加,该算法的核心就是对多次前向散射求导的方法。

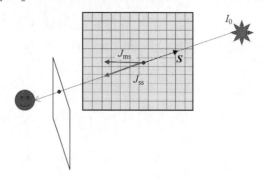

图 5.18 多次前向散射的示意图

首先,直接套用求导法则对其进行展开,如下列公式所示:

$$\dot{J}_{ms}(x_u,\omega)=\dot{\Omega}\left(I_d^0(x_u)+\frac{\bar{\mu}}{3}I_d^1(x_u)\cdot\omega\right)+\Omega\left(\dot{I}_d^0(x_u)+\frac{\dot{\bar{\mu}}}{3}I_d^1(x_u)\cdot\omega+\frac{\bar{\mu}}{3}\dot{I}_d^1(x_u)\cdot\omega\right)$$

(5.28)

其中,$\dot{\Omega}$ 的求解方法较为简单,直接使用求导法则对其进行展开,如下列公式所示:

$$\dot{\Omega}=\frac{\sigma_t\dot{\sigma}_s-\sigma_s\dot{\sigma}_t}{(\sigma_t)^2}$$

(5.29)

求解多次前向散射的导数是本算法的关键,核心在于求解 I_d^0 和 I_d^1 的导数,同样直接在原式中求导数,可以得到下列公式:

$$\nabla\dot{k}(x_u)\cdot\nabla I_d^0(x_u)+\nabla k(x_u)\cdot\nabla\dot{I}_d^0(x_u)+\dot{k}(x_u)\cdot\nabla^2 I_d^0(x_u)+k(x_u)\cdot\nabla^2\dot{I}_d^0(x_u)-$$
$$\dot{\alpha}(x_u)I_d^0(x_u)-\alpha(x_u)\dot{I}_d^0(x_u)+S(x_u)=0$$

(5.30)

对于 I_d^0 的梯度,可以使用数值的方法对其进行求解,因为数据场以三维网格的形式给出,在已知 I_d 的数据场的基础上,就可以使用结构动力学中的中心差分法(利用有限差分求解一阶导数)得到辐射强度 I 的梯度,即当前网格与周围网格的差值就是当前网格的梯度,如下列公式所示。

$$\nabla I=\frac{I_{i+1,j,k}+I_{i-1,j,k}+I_{i,j+1,k}+I_{i+1,j,k}+\cdots+I_{i,j,k-1}-6I_{i,j,k}}{h^2}$$

(5.31)

在公式(5.31)中,h 表示网格的单位长度,i、j、k 分别表示某网格的长、宽、高的坐标。只要对该网格的亮度与周围 8 个网格的亮度做差,即可得到梯度的数值解。

最后,由于 $I_d^1(x_u)$ 是根据 $I_d^0(x_u)$ 求解得来,如果已知 $I_d^1(x_u)$,那么就可以直接使用求导法则求出 $I_d^1(x_u)$ 的导数,如下列公式所示:

$$\dot{I}_d^1(x_u)=\dot{k}(x_u)(-\nabla I_d^0(x_u)+\sigma_s\rho(x_u)Q_{ri}^1(x_u))$$
$$+k(x_u)(-\nabla\dot{I}_d^0(x_u)+\dot{\sigma}_s\rho(x_u)Q_{ri}^1(x_u)$$
$$+\sigma_s\dot{\rho}(x_u)Q_{ri}^1(x_u)+\sigma_s\rho(x_u)\dot{Q}_{ri}^1(x_u))$$

(5.32)

综上所述,此时分别得到了光的单次散射和多次前向散射对场景参数的导数,通过计算这些中间变量对场景参数的导数,建立了渲染图像与场景参数的联系。

（3）基于梯度下降的优化。下式表示了渲染参数的优化过程:

$$B_{\text{new}} = B - \gamma \cdot \frac{\partial(\|I_{\text{out}}(B) - I_{\text{target}}\|)}{\partial B} \tag{5.33}$$

其中,$I_{\text{out}}(B)$表示根据当前渲染参数B渲染出来的图像,I_{target}表示目标图像,γ表示梯度下降的步长。其中,使用渲染图像和目标图像的均方差作为损失函数。

2. 实验结果

1）实验参数设置

本算法渲染的三维体数据规模为 64 像素×64 像素×96 像素,渲染出的二维图像的分辨率为 512 像素×512 像素,每个实验优化迭代次数为 100 次。本文使用的烟雾数据是基于物理模拟生成的,其余模型来自斯坦福扫描模型,并使用 Binvox 工具转换为体素,并生成三维密度场数据。

2）正向渲染的实验结果

图 5.19 展示了不同积云密度场的渲染效果。

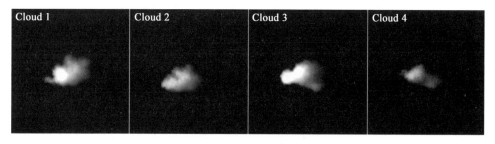

图 5.19　积云正向渲染结果

可以看出,所设计的正向渲染模块能够较好地保留细节信息。正向渲染的时间开销如图 5.20 所示。

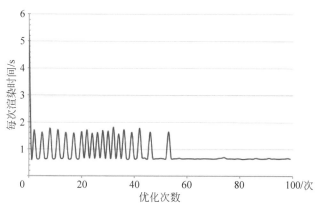

图 5.20　积云正向渲染效率图

可以看出,除第一次求解需要 5.3s 外,平均求解速度为 1.83s。相比基于蒙特卡洛估计的体渲染,渲染效率得到显著提升。

3）逆向渲染的实验结果

可微渲染除了可以高效地进行正向渲染外,还可通过指定场景参数的方式进行特定参数的优化。图 5.21 展示了逆向渲染对场景参数的优化效果。

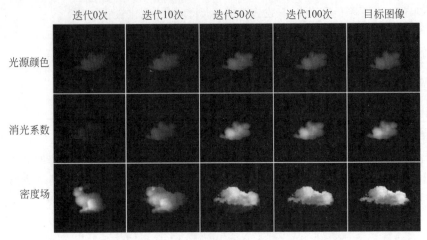

图 5.21　逆向渲染优化场景参数效果图

　　如图 5.21 所示,给定目标图像后,所设计的逆向渲染经过 100 次的迭代,已经可以很好地逼近真实图像。此外,逆向渲染对于场景参数优化的效率也较高,平均 100 次迭代之后基本可以得到最终优化结果,总优化时间在 100s 以内。

5.5　习题

1. 增强现实与虚拟现实有何不同? 二者在关键技术方面的差异主要在哪里?
2. 智能化对虚拟现实与增强现实各有哪些影响?
3. 人工智能生成三维内容可以优化建模的哪些方面? 对渲染和交互能起到什么作用?

第 6 章

Unity 开发实例——
VR 电力仿真培训系统

6.1 系统概述

电网具有点多面广、电压等级复杂、交叉跨越多、输配电设施广泛暴露于人口聚集地、防护等级低等特点,电力现场作业则普遍具有作业分散、作业人员少、临时性工作多、作业难度小、电压等级低等特征。在安全管理上,由于统一和规范训练存在一定的困难,如果作业人员、监护人员和组织指挥人员缺乏经验,就容易发生安全事故。利用 VR 技术,能够使相关人员在虚拟环境中完成对相关技能操作的模拟训练,解决现实中规范培训难度大、受训人员不易操作设备、存在操作风险、设备资源消耗严重等问题。

本章重点介绍通过 Unity 开发 VR 电力仿真培训系统的过程。首先采用 3ds Max 三维建模软件,对系统中所需要的各种车辆设备及操作工具(如斗臂车、检测仪、绝缘手套、刀闸、熔断器、变压器等)进行 3D 建模,通过 Unity 引擎搭建 3D 虚拟场景并进行逼真的渲染。然后,按照规范的电力施工操作流程对虚拟场景中的设备进行交互操作,同时在虚拟场景内模拟电力操作中设备正常、异常以及出现事故等情况,从而通过该培训系统达到从视觉和听觉上体验及熟练掌握各种电力操作的工作流程。该系统开发流程如图 6.1 所示。

本章给出的 VR 电力仿真培训系统分为数据库和客户端两个部分。数据库用于存储用户信息、培训以及考试内容。客户端用于对受训人员进行电力知识与操作的培训(带负荷更换熔断器作业、更换避雷器作业、带负荷更换刀闸作业、断/接分支引流线作业等)、考试以及信息管理。客户端的用户权限有三种:学员、教练、管理员。在客户端的学员权限下,受训人员可通过学习模式观看视频、文档资料学习电力知识,通过训练模式在 VR 虚拟场景中进行电力作业培训。考试内容含有近千道题目,题型包括单选题、多选题、判断题、识图题、计算题和分析题,操作考试与训练模式内容一致,在考试时不显示流程提示。在教练权限下,可以利用系统设置中的试卷设置对试卷的题量、题型、分值进行设置,还可利用 VR 设置对学员的操作考试进行权限设置,在成绩查询模块中输入工号或学员姓名进行查询。相比教练权限,管理员权限增加了账号管理功能,可修改用户密码,添加用户,编辑用户信息,清空缓存模块(类似清空回收站),还可对删除的用户信息进行恢复或彻底删除。

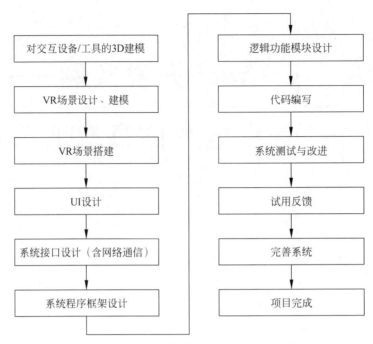

图 6.1　VR 电力仿真培训系统开发流程图

6.2　系统组成

VR 电力仿真培训系统旨在通过 VR 技术直观快捷地进行电力操作培训及考核,避免现场培训中存在的人员伤亡、设备损坏等问题,并通过事故警示提高受训人员的警惕心理,降低日后工作中发生不当操作的可能性。整个系统由应用层、展示层、业务层、数据表单设计、数据层以及基础层 6 部分组成,总体框架如图 6.2 所示。

6.2.1　应用层及展示层

应用层计划采用主流的 PC 和主流的 VR 头戴式显示器(如 HTC 或 HP 的相关产品)。该层主要完成以下功能:受训人员通过学习模式观看视频、文档资料学习电力知识,通过训练模式在 VR 虚拟场景中进行电力操作培训,同时具有对受训人员进行电力知识及操作考核的功能,所有信息均写入数据库,以方便管理员及教练实时查询并管理信息。展示层采用 Unity 渲染管线技术和基于物理的渲染流程(Physically Based Rendering,PBR),使受训人员通过高度沉浸式的虚拟环境完成训练任务。

6.2.2　业务层和数据表单设计

业务层由以下 6 个模块构成。

(1)教员端。供教练或管理员使用,用于创建、管理和监控培训课程。

(2)学员端。用于学员学习与考试。

(3)VR 培训流程。VR 培训的主要内容和学习体验。

(4)VR 考试流程。通过 VR 考试评估学员的知识和技能掌握情况。

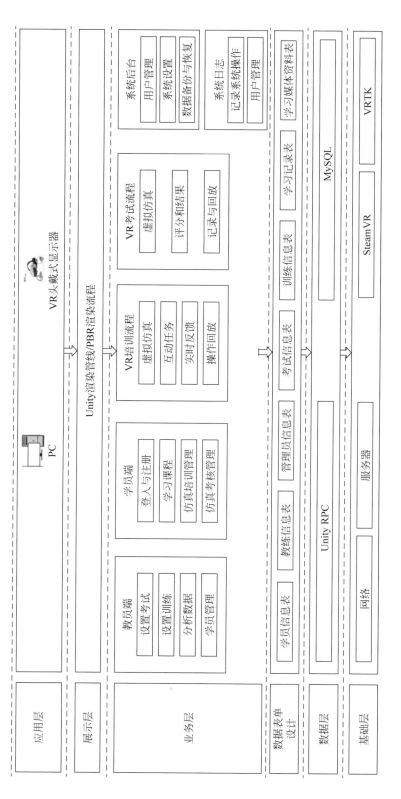

图 6.2 VR 电力仿真培训系统总体框架图

（5）系统后台。用于管理整个平台的运行和配置。

（6）系统日志。用于记录系统操作、用户活动和错误日志。

根据业务逻辑，数据库设计了 7 类表：学员信息表（Students）、教员信息表（Instructors）、管理员信息表（Admins）、考试信息表（Exams）、训练信息表（Training）、学习记录表（LearningRecords）和学习媒体资料表（LearningMaterials）。其中，学员信息表与学习记录表、训练信息表、考试信息表的关系为一对多，即一位学员可以有多条记录；教员信息表与训练信息表、考试信息表的关系为一对多，即一位教员可以管理多个训练和考试。

6.2.3　数据层和基础层

数据层采用 MySQL 数据库以及 Unity 的远端过程调用（Remote Procedure Call，RPC）技术。MySQL 是一种流行的关系型数据库管理系统，被广泛用于构建各种网站及应用程序。它有一个十分庞大的开源社区，这意味着初学者可以在遇到问题时轻松地获得支持。MySQL 特别适用于中小规模的应用程序和项目。RPC 是一种用于在网络上进行远端过程调用的技术。在 Unity 中，RPC 允许不同的对象在网络上进行通信和交互。通过使用 Unity 的网络功能，可以在多个客户端之间发送 RPC 消息。这些消息可以包含参数和函数调用，允许不同的对象在不同的客户端上执行相应的操作。使用这项技术可以实现多人在线游戏中的很多功能，例如玩家之间的实时通信、同步物体的状态和位置等。通过发送和接收 RPC 消息，可以在不同的客户端之间实现实时的交互。

基础层采用 SteamVR 和 VRTK（Virtual Reality Toolkit）工具包。SteamVR 是由 Valve 公司开发，支持多种 VR 头戴式显示器和控制器，它采用高精度的跟踪技术，包括 Lighthouse 和内置传感器。VRTK 则是使用 Unity 进行 VR 交互开发的工具，它包含交互组件、导航工具、事件系统和多平台支持系统等。

6.3　实例详解——"断分支引流线作业"仿真模块的开发

6.3.1　需求分析

本实例需要模拟电力操作人员在户外环境下通过控制电力专用绝缘斗臂车完成断分支线路引流线作业。具体操作要求分以下 3 个步骤。

（1）连接绝缘斗臂车地线。受训人员走进绝缘斗臂车的控制台，拨动斗臂车控制台上相应开关，缓慢放下脚撑，直到所有脚撑全部撑住地面。受训人员走进斗臂车地线放置点，拉拽地线的插入端，将其插入附近树木旁边的土壤里面。

（2）绝缘工具的绝缘性测试及穿戴绝缘工具。受训人员走进放置工具的绝缘布内，拿起绝缘性测试仪左右两个测试端，依次检测绝缘手套、绝缘服、绝缘鞋、测距杆、遮蔽罩、操纵杆、线夹杆等工具的绝缘性，确认是否满足绝缘性需求；穿戴绝缘服、绝缘鞋，然后检查绝缘手套的气密性，确认合格后穿戴绝缘手套。

（3）在指定环境下进行断分支引流线操作。受训人员拿起剥线器，在分路位置用剥线器进行剥线，剥线完成后放回剥线器。然后，拿取线夹，夹在剥线的位置。最后，拿一根导线，完成分支路引流线的安装。

6.3.2　Unity 资源

Unity 资源主要包括 UI、场景、模型、贴图、材质、动画、特效、字体等。

1. UI

UI 应根据实际需求设计,使用 UI 设计软件(如 Adobe Photoshop、Sketch、After Effects 等)完成。UI 布局应合理分配空间,方便用户查看和操作。UI 中的字体应清晰易读,避免过于花哨或过于简单。系统登录界面如图 6.3 所示,系统模式选择界面如图 6.4 所示。

图 6.3　系统登录界面

图 6.4　系统模式选择界面

2. 场景与模型

首先,使用三维建模软件(如 Blender、Maya、3ds Max)创建场景,在建模前应设置好单位,确定模型比例,同时场景搭建还应考虑灯光、阴影效果、渲染管线等因素,使场景更真实。场景模型如图 6.5 所示。

其次,创建斗臂车、检测仪、绝缘手套等需要进行交互的 3D 模型,模型应包括所有必要的部件和细节,模型的纹理、贴图和材质需符合制作规范,并要参考实物,以便在 VR 中逼真展示。斗臂车模型如图 6.6 所示,检测仪模型如图 6.7 所示,绝缘工具模型如图 6.8 所示。

3. 动画

创建斗臂车控制动画,以实现其运动和操作。可以使用三维动画软件(如 Blender、Maya、3ds Max)或 Unity 中的动画系统实现动画效果。Unity 的 Animation 面板如图 6.9 所示。

图 6.5　场景模型

图 6.6　斗臂车模型

图 6.7　检测仪模型

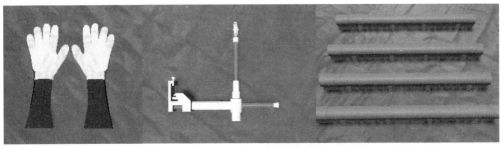

图 6.8 绝缘工具模型

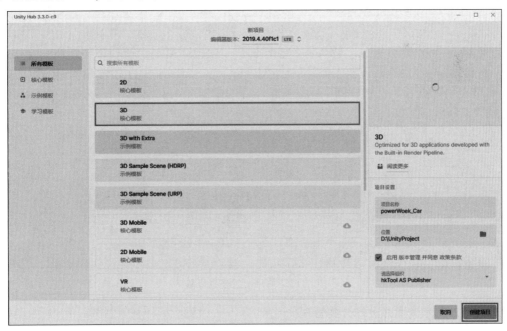

图 6.9 Unity 的 Animation 面板

6.3.3 Unity 开发

1. 创建 Unity 项目，导入 VR 开发工具包，设置工程

根据需求选择 Unity 版本，设置为 3D 模式，输入项目名称和保存位置，单击"创建项目"按钮创建 Unity 项目，如图 6.10 所示。

图 6.10 创建 Unity 项目

右击 Project 面板，依次单击 Import Package→Custom Package 选项，导入 VR 开发工

具包,或在 Unity 商店下载并导入 VR 开发工具包,如图 6.11 所示。

图 6.11　导入 VR 开发工具包

单击菜单栏 Edit→Project Setting→Player 打开设置面板,设置项目基本信息,根据需求勾选 Virtual Reality Supported,如图 6.12 所示。

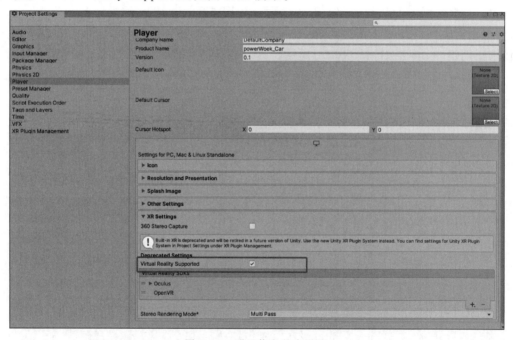

图 6.12　项目信息基本设置

2. 导入美术资源并进行分类管理

在 Project 面板中右击→Import Package→Custom Package 导入项目所需资源,并进行分类管理。

工程目录推荐:

```
Assets/
|-- Scenes/                    // 存放所有场景文件
|   |-- MainMenu.unity
|   |-- GameLevel1.unity
|   |-- GameLevel2.unity
|   |-- ...
|-- Scripts/                   // 存放所有脚本文件
|   |-- PlayerController.cs
|   |-- EnemyAI.cs
|   |-- UIController.cs
|   |-- ...
|-- Prefabs/                   // 存放预制件
|   |-- Player.prefab
|   |-- Enemy.prefab
|   |-- PowerUp.prefab
|   |-- ...
|-- Materials/                 // 存放材质文件
|   |-- PlayerMaterial.mat
|   |-- EnemyMaterial.mat
|   |-- ...
|-- Textures/                  // 存放纹理文件
|   |-- BackgroundTexture.png
|   |-- IconTexture.png
|   |-- ...
|-- Audio/                     // 存放音频文件
|   |-- Music/
|   |-- SFX/
|-- Animations/                // 存放动画文件
|   |-- PlayerIdle.anim
|   |-- EnemyAttack.anim
|   |-- ...
|-- UI/                        // 存放 UI 元素
|   |-- MainMenuUI.prefab
|   |-- GameUI.prefab
|   |-- ...
|-- MODELS/                    // 存放模型
|   |-- Player.fbx
|   |-- ...

|-- Shaders/                   // 存放着色器文件
|   |-- CustomShader.shader
|   |-- ...
|-- Packages/                  // 存放 Unity Package Manager 的依赖包
|-- Resources/                 // 存放资源文件,可通过 Resources.Load 加载
|-- StreamingAssets/           // 存放不压缩的资源,用于构建后的数据
|-- Editor/                    // 存放自定义编辑器脚本
|-- Plugins/                   // 存放插件文件
|-- ...
```

3. 使用 UGUI 系统搭建 UI 界面

使用 UGUI 系统搭建 UI 界面如图 6.13 所示。

4. 搭建程序框架

程序框架能提高代码的清晰度、可维护性和可扩展性,减少代码重复与耦合。程序框架包括 UI 框架、场景框架、音效框架、网络协议框架等,如图 6.14 所示。

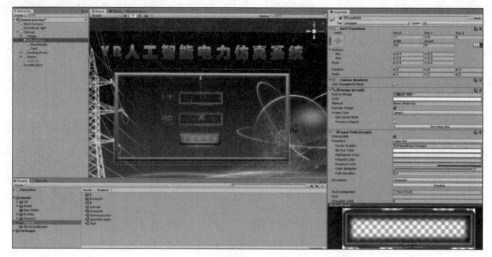

图 6.13　搭建 UI 界面

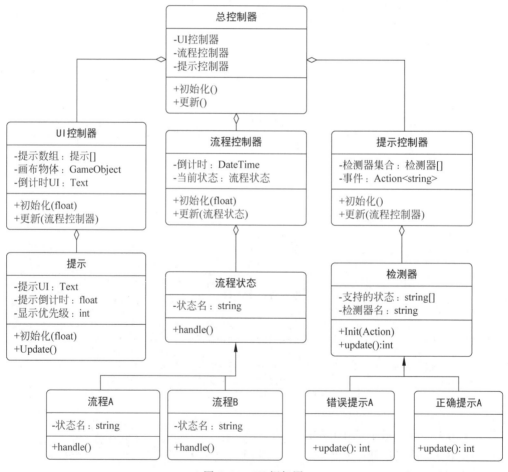

图 6.14　UI 框架图

5. 断分支引流线开发步骤

1）连接绝缘斗臂车地线

（1）放下绝缘斗臂车脚撑。为斗臂车控制台按钮添加 Collider（碰撞器）和脚本 SwitchTrigger.cs,实现多段开关功能。控制台按钮如图 6.15 所示,添加 Collider 对象如图 6.16 所示,SwitchTrigger 脚本设置如图 6.17 所示。

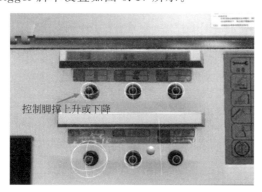

图 6.15　控制台按钮

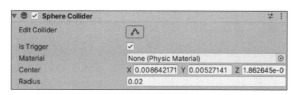

图 6.16　碰撞器对象

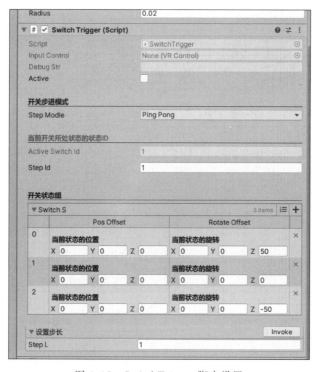

图 6.17　SwitchTrigger 脚本设置

当控制台按钮与手柄接触并按下手柄扳机键时,设置按钮状态在下降、停止和上升之间切换,将状态发送给 LegSwitchControl.cs。

设置控制台按钮状态代码,如图 6.18 所示。

```
/// <summary>
/// 增加开关状态
/// </summary>
/// <param name="StepL">步长</param>
[Button("设置步长")][PropertySpace(16)]
void AddState(int StepL=1){
    stepId += StepL;

    //
    switch (StepModle) {
        case SwitchStepModle.PingPong:
            ActiveSwitchId = Mathf.RoundToInt( Mathf.PingPong(stepId, SwitchS.Length-1));
            break;
        case SwitchStepModle.Repeat:
            ActiveSwitchId = Mathf.RoundToInt(Mathf.Repeat(stepId,SwitchS.Length));
            break;
        case SwitchStepModle.Clamp:
            ActiveSwitchId = Mathf.Clamp(stepId, 0, SwitchS.Length - 1);
            break;
    }
    //
    SettingSwitchStat(ActiveSwitchId);
}
void SettingSwitchStat(int StatId) {
    SwitchS[StatId].SettingStat(transform, StarLocalPos, StarLocalRotate);
    //—ActiveSwitchId = StatId;
}
```

图 6.18　设置控制台按钮状态

为 4 个斗臂车脚撑添加 Collider 和 Rigidbody(刚体)。斗臂车脚撑如图 6.19 所示,Collider 和 Rigidbody 组件如图 6.20 所示。

图 6.19　斗臂车脚撑

为控制台添加脚本 LegSwitchControl. cs,监测控制台按钮状态。LegSwitchControl 脚本设置如图 6.21 所示。

LegSwitchControl. cs 接收控制台按钮状态,控制脚撑移动,当脚撑与地面发生碰撞时,停止移动。控制脚撑状态及移动的代码分别如图 6.22 和图 6.23 所示,脚撑下降和上升状态分别如图 6.24 和图 6.25 所示。

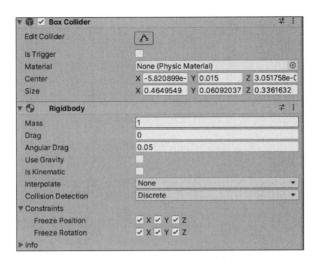

图 6.20　碰撞器与刚体对象

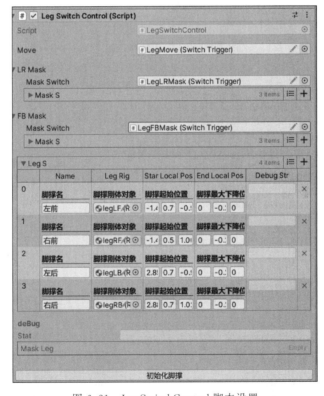

图 6.21　LegSwitchControl 脚本设置

（2）连接绝缘斗臂车地线。为地线添加 Rigidbody 和 Collider 对象，以及控制脚本 VRHandTrigger.cs，用以检测地线与手柄的碰撞。地线如图 6.26 所示，VRHandTrigger 脚本设置如图 6.27 所示。

```
void ControlLegS() {
    if (Move.ActiveSwitchId == 0)
    {
        //下降选择的脚撑
        DownLegs(GetLegsInMask());
        stat = "Down";
    }
    if (Move.ActiveSwitchId == 1) {
        //全部停止移动
        StopLegs(LegS);
        stat = "Stop";
    }

    if (Move.ActiveSwitchId == 2){
        //上抬选择的脚撑
        UpLegs(GetLegsInMask());
        stat = "Up";
    }
}
void DownLegs(Leg[] Masklegs) {
    foreach (Leg leg in LegS) {
        if (TestLegInArray(leg, Masklegs))
        {
            //可以控制该脚撑移动
            leg.EnableMove(true);
            leg.MoveDown();
        }
        else {
            //不能控制该脚撑移动
            leg.EnableMove(false);
        }
    }
}
```

图 6.22   控制脚撑状态

```
/// <summary>
/// 移动脚撑
/// </summary>
/// <param name="Speed">移动速度</param>
/// <param name="EndPos">移动终点(本地坐标)</param>
2 个引用
void Move(float Speed,Vector3 EndPos) {
    Transform AxisObj = LegRig.transform.parent;
    Vector3 TargetPos = AxisObj.TransformPoint(EndPos);
    Vector3 MoveDir = (TargetPos - LegRig.transform.position);
    Vector3 NewPos = LegRig.transform.position + MoveDir.normalized*Speed*Time.deltaTime;
    if (MoveDir.magnitude < 0.005f)
    {
        NewPos = TargetPos;
    }
    LegRig.MovePosition(NewPos);
    Debug.DrawLine(TargetPos - Vector3.left * 0.1f, TargetPos + Vector3.left * 0.1f,
      Color.red);
}
5 个引用
public void EnableMove(bool OnMove) {
    if (!OnMove)
    {
        LegRig.velocity = Vector3.zero;
        DebugStr = "stop";
    }
}
```

图 6.23   控制脚撑移动

图 6.24   脚撑下降

图 6.25   脚撑上升

图 6.26 斗臂车地线

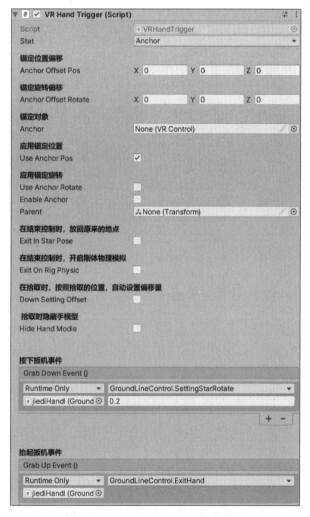

图 6.27 VRHandTrigger 脚本设置

当地线与手柄触碰并按下手柄扳机键时,地线即可跟随手柄移动。手柄抓取地线和设置地线位置跟随的代码分别如图 6.28 和图 6.29 所示。

在当前工程中导入 Obi Rope 插件,将预设 Obi Rope 放到脚撑节点下,使地线随 VR 头

```
//
void SwitchHandFun(GameObject obj) {
    VRControl handCon = obj.GetComponent<VRControl>();

    if (handCon != null && handCon.AnchorObj != null && handCon.AnchorObj != transform) {
        //排除距离过近的多个交互对象冲突
        return;
    }
    SwitchHandModle switchModle = obj.GetComponent<SwitchHandModle>();
    switch (stat){
        case VRHandStat.none://忽略
            break;
        case VRHandStat.Anchor://抓住对象
            if (handCon != null && handCon.OnDown) {
                EnableAnchor = true;
                EnableRigbody(false);
                transform.parent = obj.transform;
                TestSettingOffSet(obj.transform);
                StarAnchorAnim();
                SettingAnchor(handCon);
                if(HideHandModle)
                    switchModle.EnbaleModle(false);
            }

            break;
        case VRHandStat.GetIn://拾取后消失
            if (handCon != null && handCon.OnDown) {
                EnableAnchor = true;
                EnableRigbody(false);
                transform.parent = obj.transform;
                TestSettingOffSet(obj.transform);
                StarAnchorAnim(DestroyAnim);
                SettingAnchor(handCon);

            }
            break;
    }
    //
}
```

图 6.28　手柄抓取地线

```
/// <summary>
/// 运行锚定方法
/// </summary>
void RunAnchor() {
    if (Anchor == null||!EnableAnchor) return;
    if (UseAnchorPos) {

        Vector3 WorldOffsetPos = transform.TransformDirection(AnchorOffsetPos);
        Vector3 TargetPos = Anchor.transform.position - WorldOffsetPos;
        transform.position = Vector3.Lerp(AnimStarPos, TargetPos, AnimRate); // Anchor.transform.position - WorldOffsetPos;
    }
    if (UseAnchorRotate) {
        Quaternion quat1 = Quaternion.Euler(AnchorOffsetRotate);
        Quaternion TargetQuat = Anchor.transform.rotation * quat1;
        transform.rotation = Quaternion.Lerp(AnimStarRotate,TargetQuat,AnimRate);
    }
    //
}
```

图 6.29　设置地线位置

戴式显示器移动改变长度,实现绳子效果。预设 Obi Rope 如图 6.30 所示,绳子效果如图 6.31 所示,Obi Rope 相关组件和设置如图 6.32 所示。

图 6.30　预设 Obi Rope

为地线放置点添加 Collider 对象和 GroundTarget.cs 脚本,定义地线放置点。定义地线放置点的代码如图 6.33 所示,地线放置点如图 6.34 所示。

图 6.31 绳子效果

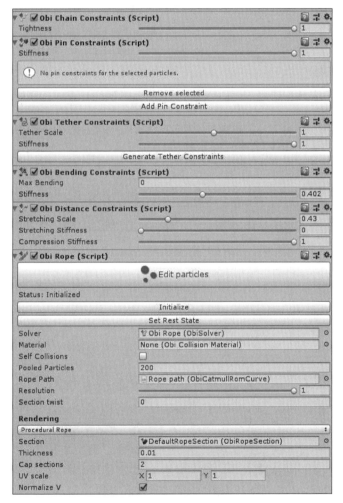

图 6.32 Obi Rope 组件设置

```
/// <summary>
/// 地线锚定点的位置
/// </summary>
public Transform GroundAnchor;
```

图 6.33 定义地线放置点

图 6.34　地线放置点示意图

　　为地线添加脚本 GroundLineControl.cs，当地线与放置点发生接触时，设置地线位置到放置点。地线与放置点开始接触与退出接触的代码如图 6.35 所示，地线放置到固定位置如图 6.36 所示。

```
private void OnTriggerEnter(Collider other)
{
    GroundTarget Newground= other.GetComponent<GroundTarget>();
    if (Newground!=null ) {
        Debug.Log("触发接地");
        InGroundAnchor = true;
        groundTgt = Newground;

    }
    //
    if (other.gameObject.name == StarPosName){
        InStar = true;//记录在起始位置
    }

}
private void OnTriggerExit(Collider other)
{
    if (other.gameObject.name == StarPosName)
    {
        InStar = false;//记录不在起始位置
    }

    GroundTarget Newground = other.GetComponent<GroundTarget>();
    if (Newground != null && Newground == groundTgt) {
        InGroundAnchor = false;
        groundTgt = null;
    }
}
```

图 6.35　地线与放置点两种接触状态的代码

固定在地线安装位置

图 6.36　地线位置固定

2）绝缘工具绝缘性测试及穿戴绝缘工具

为测试仪、测试仪的两个测试端和绝缘手套分别添加 Collider 对象。绝缘手套和测试仪如图 6.37 所示。

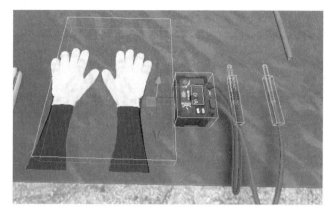

图 6.37　绝缘手套和测试仪

为绝缘手套添加脚本 ElectricityTestObj.cs，定义一个可以被测试仪检测到的对象。ElectricityTestObj 脚本设置和代码分别如图 6.38 和图 6.39 所示。

图 6.38　ElectricityTestObj 脚本设置

```
/// <summary>
/// 可以进行通电测试的对象
/// </summary>
public class ElectricityTestObj : MonoBehaviour
{
    /// <summary>
    /// 电阻值，-1表示绝缘体，电阻无限大，0表示超导体
    /// </summary>
    [Header("电阻值，-1表示绝缘体，电阻无限大，0表示超导体")]
    public float resistance;
}
```

图 6.39　定义通电测试对象的代码

为测试仪添加脚本 CeShiYi.cs，通过测试端接触到 ElectricityTestObj 中的电阻数据显示测试仪数据。测试仪脚本的基本设置如图 6.40 所示，获取并显示 ElectricityTestObj 脚本中的电阻数据的代码如图 6.41 所示。

测试仪通过将红色和黑色 2 个探测端接触被检测物体的表面来测试物体的绝缘性，测试仪会配置一个输入电压，被检测物体会配置一个电阻值，其中用 R＝－1 表示物体处于不导电状态（电阻无限大）。绝缘手套不导电状态和导电状态分别如图 6.42 和图 6.43 所示。

绝缘工具绝缘性测试开发流程如图 6.44 所示。

3）断分支引流线操作

为需要交互的物体添加 Collider 对象，包括剥线器、电线和线夹。剥线器、电线、线夹分别如图 6.45、图 6.46 和图 6.47 所示。

```
///<summary>
/// 测试获得探测对象的电流值
///</summary>
void GetTestCurrent(ElectricityTestObj testObj) {
    float R = testObj.resistance;
    if (R < 0) {//绝缘体，显示无效数据
        SettingDisplayText(0);
        return;
    }
    if (Mathf.Abs(R)<0.0001f) {//超导体，显示电流最大上限
        SettingDisplayText(9999999);
        return;
    }
    //正常导体，计算电流
    float I = Input_Voltage / R;
    SettingDisplayText(I);
}
//
void SettingDisplayText(float I) {
    if (Mathf.Abs(I) < 0.0001f) {
        //测试电流极小，显示无效数据
        Displaytext.text = "----mA";
        return;
    }
    //
    if (I > 99999){
        //测试电流极大，显示最大值
        Displaytext.text = "9999A";
        return;
    }
    //
    if (I < 1) {
        //电流小于1A，用mA作为单位显示
        Displaytext.text = Mathf.RoundToInt(I*1000) + "mA";
        return;
    }
    Displaytext.text = Mathf.RoundToInt(I) + "A";
}
```

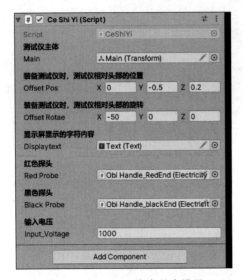

图 6.40 CeShiYi 脚本基本设置

图 6.41 用来获取并显示 ElectricityTestObj 脚本中
的电阻数据的代码

图 6.42 绝缘手套不导电状态

图 6.43 绝缘手套导电状态

　　为剥线器添加控制脚本 VRHandTrigger.cs,当剥线器与手柄触碰并按下手柄扳机键时,剥线器将跟随手柄移动。剥线器与手柄触碰并按下手柄扳机键的代码如图 6.48 所示。

　　为电线添加控制脚本 stripperObj.cs,设置字段 Rate 为剥皮进度,当剥线器与电线接触时,Rate 值增加,当 Rate < 0.01f 时,隐藏电线表皮。通过 Rate 值控制电线表皮显示与隐藏的代码如图 6.49 所示,电线剥皮后的状态如图 6.50 所示。

　　为线夹添加控制脚本 VRHandTrigger.cs,当线夹与手柄触碰并按下手柄扳机键时,线夹将跟随手柄移动。

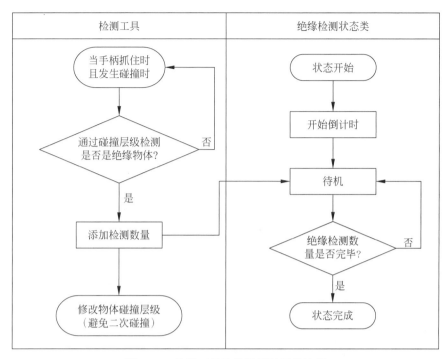

图 6.44　绝缘工具绝缘性测试开发流程

图 6.45　剥线器

图 6.46　电线

图 6.47　线夹

```
private void OnTriggerStay(Collider other)
{
    DeBugStr = "在<触发器>事件触发";
    //--- Debug.Log(DeBugStr);
    VRControl handCon = other.gameObject.GetComponent<VRControl>();
    if (handCon != null) {
        if (StayIndex > 0) {
            return;
        }
        SwitchHandFun(other.gameObject);
        StayIndex++;
    }
}
```

图 6.48　剥线器与手柄触碰代码

```
private void Update()
{
    if (Rate > 0.999f) {
        EnbaleSkin(false);
    }
    if (Rate < 0.01f) {
        EnbaleSkin(true);
    }
}
/// <summary>
/// 控制表皮的显示
/// </summary>
public void EnbaleSkin(bool On) {
    skin.gameObject.SetActive(On);
}
```

图 6.49　控制电线表皮显示的代码

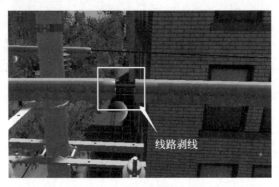

图 6.50　电线剥去表皮

为线夹添加控制脚本 ClampTool.cs。ClampTool 脚本基本设置如图 6.51 所示。

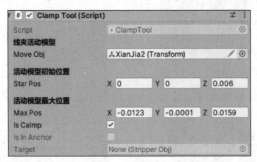

图 6.51　ClampTool 脚本基本设置

在 stripperObj.cs 中设置固定线夹锚点,当线夹与剥线电路接触时,设置线夹位置到指定锚点。设置固定线夹锚点的代码如图 6.52 所示,设置线夹位置的代码如图 6.53 所示。

```
/// <summary>
/// 固定线夹的锚点
/// </summary>
[Header("固定线夹的锚点")]
public Transform ClampAnchor;
```

图 6.52　设置固定线夹锚点的代码

为导线添加 Collider 对象和控制脚本,当导线两端分别与线夹和引流器接触时,设置导线位置。导线连接线夹与引流器如图 6.54 所示。

断分支引流线开发流程如图 6.55 所示。

```
private void OnTriggerEnter(Collider other)
{
    stripperObj stripper = other.gameObject.GetComponent<stripperObj>();
    if (stripper != null && stripper.Rate > 0.99f) {
        //放置到了固定位置
        IsInAnchor = true;
        Target = stripper;
        // SettingIsClamp(true);
    }
}
private void OnTriggerExit(Collider other)
{
    stripperObj stripper = other.gameObject.GetComponent<stripperObj>();
    if (stripper != null && stripper == Target) {
        ///从固定放置位置离开
        IsInAnchor = false;
        Target = null;
        // SettingIsClamp(false);
    }
}

public void SettingIsClamp(bool On) {
    IsCalmp = On;
}
/// <summary>
/// 结束控制事件处理,
/// 如果此时在固定点范围内,就放置到固定锚点上
/// 如果此时不在固定点范围内,就将线夹放置到初始位置
/// </summary>
public void EndEventFun() {
    if (Target != null)
    {//固定在锚点
        transform.position = Target.ClampAnchor.position;
        transform.rotation = Target.ClampAnchor.rotation;
        transform.parent = Target.ClampAnchor;
        SettingIsClamp(false);
    }
    else
    {//放回初始位置
        transform.localPosition = StarLocalPosition;
        transform.localRotation = StarLocalRotation;
        SettingIsClamp(true);
    }
}
```

图 6.53　设置线夹位置的代码

图 6.54　导线连接线夹与引流器

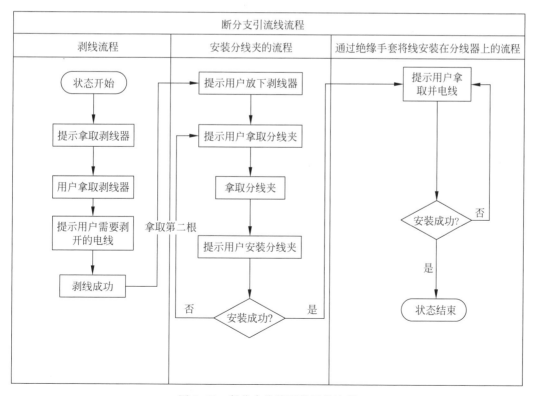

图 6.55　断分支线路引线开发流程

6.3.4 系统测试

(1) 进行内部测试,查看系统功能是否满足最初需求,确保所有功能都能正常运行。需检查项目的性能、物理效果、音频和用户界面等方面问题,同时还需要对系统稳定性进行测试,对代码质量进行审查。

(2) 进行用户测试,听取用户的反馈,根据需要进行调整。

(3) 使用 Unity 的 Profiler(性能分析)工具测试性能问题,确保系统在 PC 上能够流畅、稳定地运行。

参考文献

图 书 资 源 支 持

感谢您一直以来对清华版图书的支持和爱护。为了配合本书的使用，本书提供配套的资源，有需求的读者请扫描下方的"书圈"微信公众号二维码，在图书专区下载，也可以拨打电话或发送电子邮件咨询。

如果您在使用本书的过程中遇到了什么问题，或者有相关图书出版计划，也请您发邮件告诉我们，以便我们更好地为您服务。

我们的联系方式：

清华大学出版社计算机与信息分社网站：https://www.shuimushuhui.com/

地　　　址：北京市海淀区双清路学研大厦 A 座 714

邮　　　编：100084

电　　　话：010-83470236　　010-83470237

客服邮箱：2301891038@qq.com

QQ：2301891038（请写明您的单位和姓名）

资源下载：关注公众号"书圈"下载配套资源。

资源下载、样书申请

书 圈

图书案例

清华计算机学堂

观看课程直播